스톤테라피

Stone Therapy

오정숙 著

경복대학교 약손피부미용과

머리말

피부미용사 및 체형관리사의 직업이 계속 대두되고 각광받고 있는 가운데 보다 웰빙 문화를 추구할 수 있는 선진국형의 자연적인요법이 대되고 있는 실정입니다.

외국의 선진 피부미용 분야는 이미 기존의 일반적인 피부미용 이외에 대체의학 분야의 수용 및 다양한 내츄럴테라피의 수용으로 폭넓게 발전하고 있습니다. 한국도 한국형 피부미용테라피를 발전해오면서 여러 가지 트랜디한 피부미용 요법을 수용하여 왔고, 현재는 자연적인 요법을 접목하는 기초 단계에 와있다고 보여집니다. 그러한 방법 중 하나인 스톤테라피는 대체의학의 한 방법으로 피부미용 현장에서 발전되어 왔고 스파테라피, 아로마테라피, 한국형테라피, 반사요법 등에 접목할 수 있는 요법입니다.

이 교재는 피부미용기기관리 중 스파테라피의 기초적인 이해와 피부미용 현장에서 전신에 적용할 수 있는 실제 스톤테라피관리 과정에 대한 내용을 주로 다루어 좀 더 전문적인 스톤테라피에 대한 기초적인 교재로서 피부미용 전공 학생들의 학습에 밑걸음이 되고자 집필하게 되었습니다.

이 교재가 조금이나마 전문 피부미용인에게 좋은 지침서가 되어 피부미용인의 자질과 실력을 높이고 경쟁력을 높일 수 있게 도움이 되어주길 바랍니다.

2018년 12월 초
저자 씀

목차

제1장 스톤테라피의 이해 ___ 3
1. 스톤테라피의 개요 ▫ 3
2. 스톤테라피의 효과 ▫ 5
    1) 스톤테라피의 효과 ▸ 5
    2) 스톤테라피의 적용 ▸ 7
    3) 스톤테라피 테크닉의 종류 ▸ 9
3. 스톤테라피 ▫ 10
    1) 스톤의 종류 ▸ 10
    2) 스톤의 온도 ▸ 11
    3) 스톤의 기능 ▸ 13
    4) 스톤의 소독과 위생 ▸ 15
    5) 스톤테라피를 위한 준비 및 주의사항 ▸ 16

제2장 스톤테라피의 실제(FACE) ___ 17
1. 얼굴스톤테라피(Ⅰ) ▫ 17
2. 얼굴스톤테라피(Ⅱ) ▫ 31

제3장 스톤테라피의 실제(BODY) ___ 97
1. 전신의 스톤관리 ▫ 97
    1) 스톤테라피 ▸ 97
    2) 기본 테크닉 종류 ▸ 99
    3) 스톤테라피 테크닉 종류 ▸ 100
    4) 에스테틱테라피 분야의 적용 ▸ 101
2. 전신스톤관리의 실제 ▫ 102
    1) 상체관리 ▸ 102
    2) 하체관리 ▸ 109

제4장 스톤테라피를 위한 경락의 이해 ___ 115

1. 경락의 이해 ▣ 115
    1) 경락 ▸ 115
    2) 경락의 구성 ▸ 115
    3) 경락의 분류 ▸ 117
    4) 경락의 작용 ▸ 122
2. 경혈의 이해 ▣ 124
    1) 경혈 ▸ 124
    2) 주요 경혈 ▸ 125
3. 스톤테라피를 위한 주요 경락 ▣ 127
    1) 복모혈 ▸ 127
    2) 배유혈 ▸ 130
    3) 14경맥 ▸ 134
    4) 얼굴의 경혈 ▸ 177

부록 : 스톤테라피(PRACTICE) ▣ 183

참고문헌 ▣ 200

에듀컨텐츠·휴피아
CH Educontents·Huepia

스톤테라피
Stone Therapy

오정숙 著

경복대학교 약손피부미용과

에듀컨텐츠·휴피아
Educontents·Huepia

제1장 스톤테라피(Stone Therapy)의 이해

1. 스톤테라피(Stone Therapy)의 개요

1) 스톤테라피

스톤테라피는 자연요법로서 피부미용에 접목되어지는 대체의학요법 중의 하나이고 여러 종류의 자연석을 다양한 피부미용의 목적에 맞는 온도로 적용하여 피부미용테크닉에 활용하는 방법으로 이용되고 있다.

적당한 온도의 스톤(돌)을 이용하여 인체의 신진대사 활성, 혈액순환 및 림프순환의 촉진, 근육 및 조직의 이완, 심신의 안정, 독소의 제거 등을 유도하여 전신의 균형을 조절하고 질병 예방 및 치유의 효과로 인류의 역사와 함께 예로부터 이용되어져 왔고, 피부미용 테라피들과 접목되어 자연요법의 기본이 되는 요법으로 이용되어져 왔다.

스톤테라피는 온열요법으로 사용되어지는 스톤(돌)은 다양한 미네랄을 함유한 광물질로서 자연에서 유래된 스톤을 사용한다. 그러므로 인체에 부작용 및 유해함이 없어 누구에게나 적용할 수 있는 장점과 가장 중요한 점으로는 원적외선을 방출하여 도체의 역할을 하여 체내에 유입된다. 열을 이용한 온열요법으로서 돌을 이용하여 혈액순환을 촉진, 근육이완, 인체의 신진대사를 원활하게 하는 스톤테라피를 피부미용의 목적에 맞게 적용시킬 수 있다면 인체에 해를 주지 않으면서 매뉴얼테라피의 효과를 도와 극대화시켜줄 수 있고 그 효과를 지속화시키는 자연요법으로 훌륭한 방법이 될 수 있다고 할 수 있다.

2) 스톤테라피의 역사

구분	내용
중국	• 동양의학서인 황제내경에 기록 • 당나라에서 뜨거운 돌을 이용하여 근육통 치료 등
일본	• 수도승들의 자연치료 방법으로 이용 • 뜨거운 돌을 이용하여 질병예방 및 치유 목적으로 사용
인도	• 인도 전통 민간의학 아유르베다에서 치료의 방안으로 이용되어짐
하와이	• 원시족인 카후나족이 하와이의 용암석을 이용하여 질병예방 및 치유의 목적으로 여러 가지 요법에 사용 • 거친 현무암 등을 마사지에 이용하여 피부의 각질제거 효과에도 이용
유럽	• 북유럽 등 추운 지역에서 가열된 돌을 이용하여 사우나 또는 찜질 등의 온열요법으로 활용 • 긴 겨울이 있는 지역에서 추위를 극복하기 위해 뜨겁게 데운 돌에서 나오는 열에너지를 이용하여 건강을 유지하는데 이용
고대 아메리카	• 고대 원주민들이 태양열에 달궈진 돌을 이용하여 찜질 등의 요법으로 통증완화 및 치료에 이용

2. 스톤테라피(Stone Therapy)의 효과

1) 스톤테라피의 효과

(1) 스톤터치의 원리

 열을 이용한 치유방법은 지역과 민족에 따라 매우 다양하게 이용되어 왔으나 돌을 이용한 치료법이 활성화된 것은 돌의 다양한 장점 덕분이다.

 돌은 열의 전도에 있어 인체에 해를 주지 않으며, 돌의 모양과 크기 면에서 다른 수기 요법과 효과적으로 응용될 수 있고, 열감의 은은한 지속성기 진통완화 효과에 매우 뛰어나기 때문에 치료에도 효과적으로 이용된다.

(2) 온열치료(Thermo therapy)

① 스톤테라피는 온열치료(Thermo therapy)와 수치료(Hydro therapy)의 결합으로 온열치료는 열과 냉을 알맞게 적용하며 스톤의 온도차를 이용해 치유 및 피부미용적 효과를 부여할 수 있다.

② 온열치료(Thermo therapy)는 여러 가지 방법이 있는데, 자연으로부터 얻은 스톤(돌)을 온도를 변화를 주어 인체에 적용함으로서 체온을 변화시켜 인체의 신진대사를 유도하여 혈액, 림프 순환 촉진, 영양공급, 노폐물 배출 등을 유도할 수 있다.

③ 수치료(Hydro therapy)는 물을 이용한 테라피의 총칭으로 스톤을 이용한 스톤테라피에서 스톤을 가열할 때 열에 데워진 물을 이용하여 스톤의 온열을 오랫동안 지속시켜 열에너지를 공급할 수 있는 역할을 하게 된다.

(3) 스톤테라피의 효과

효과	내용
온열작용	• 인체 내부의 온도를 높여 체온의 정상화 유도 • 면역기능 강화
순환촉진	• 혈액순환 촉진 • 신진대사 활성화
인체 내장기관의 기능 활성화	• 인체의 국소 부위(복부 등)에 온열작용을 주어 내장기능의 활성화 유도 • 내분비계의 기능 향상
세포조직의 활성화	• 노화방지, 신진대사 촉진, 만성피로 해소 등
독소배출	• 체내에 축적된 노폐물을 체외로 배출 • 부종 완화 및 예방
근육이완 및 통증완화	• 스톤의 온열 작용으로 근육조직의 이완을 유도하여 근육긴장 완화 • 관절통, 요통, 신경통, 근육통 등의 통증 완화 • 관절의 손상 방지 및 관절 주변의 근육이완을 유도하여 가동 범위의 확대와 기능 회복
피부	• 온열작용으로 노폐물 배출을 향상 • 피부의 각질제거 • 피부 건조 방지
스트레스 완화	• 심신의 진정 및 이완 효과 • 스트레스 완화

2) 스톤테라피의 적용

스톤(돌)을 이용한 관리는 자연요법으로 인체에 부작용이나 해가 없다. 그러나 피부미용에 적용 시, 관리의 목적에 의해 사용하는 방법 및 주의할 점을 고려하여 적용하여야 한다.

(1) 스톤테라피의 적용

① 혈액순환 등 신진대사가 안되는 사람

② 심신의 안정이 필요하고 피로한 사람

③ 근육수축, 근육통, 관절통, 신경통 등 급성통증 및 만성통증이 있는 사람

④ 하지 부종

⑤ 하복부가 찬 사람, 생리통, 설사, 위장 장애 등

(2) 스톤테라피의 금기사항

① 피부질환이 있는 경우

　(염증성 질환, 예민피부, 알레르기, 심한 화농성 여드름피부 등)

② 질병이 있는 경우

　(심장질환, 전염병, 고혈압, 암환자 등)

③ 근육수축, 근육통, 관절통, 신경통 등 급성통증 및 만성통증이 있는 사람

④ 하지 부종

⑤ 근육, 관절 부위 등이 허약한 경우

⑥ 임산부(복부를 제외한 부위에 가능)

(3) 스톤테라피의 주의사항

① 스톤으로 관리하기 전 적당한 스톤의 온도를 체크한 후 적용한다.

② 스톤 관리 중 관리의 목적에 맞는 스톤의 온도를 유지하며 관리하여야 온열관리의 효과를 볼 수 있다.

③ 고객의 몸 상태에 따라 테크닉 및 스톤의 종류, 온도 등을 계획하여 적용하여야 한다. 또한 고객이 스톤 관리를 받는 동안, 불편함이나 통증, 온도에 대한 거부감 등을 나타낼 때 중지하여야 한다.

④ 핫 스톤을 적용할 때, 신체의 온도보다 높은 온도의 스톤을 적용하는 것이므로 처음에 높은 온도에 대한 민감도를 줄이기 위해 스톤을 고객의 신체에 대기 전에 핫스톤으로 관리사의 손을 데운 뒤 손을 먼저 적용한 후 스톤을 서서히 적용하여 준다.

⑤ 냉스톤을 적용 시, 핫스톤을 적용할 때와 같이 신체의 온도보다 낮은 온도의 스톤을 적용하는 것이므로 처음에 낮은 온도에 대한 민감도를 줄이기 위해 스톤을 고객의 신체에 대기 전에 냉스톤으로 관리사의 손을 먼저 적용한 후 손으로 먼저 적용하기 시작하여 스톤을 서서히 적용하여 준다.

⑥ 목, 두피, 얼굴 부위 등 심장이나 심장에 가까운 신체 부위는 신체 열이 높으므로 핫 스톤을 적용 시, 다른 신체부위보다 낮은 온도를 적용하여 시작한다.

⑦ 스톤 테라피의 온열관리 효과를 증대시키기 위해 스톤의 밀착도를 높여 열전도를 증대시켜야 한다.

(4) 스톤관리의 부작용

① 핫 스톤을 오래 사용 할 경우
  혈관팽창, 혈관울혈 등 정맥 부작용이 발생 될 수 있다.
  대처법은 관리를 중단하고 다리를 움직여주거나 들어 올려 준다.
② 쿨 스톤을 오래 사용 할 경우

근육 연축현상 등 동맥부작용 현상이 유발될 수 있다.
대처법은 발바닥에 핫 스톤을 적용시켜 온도를 상승시켜 준다.

3) 스톤테라피 테크닉의 종류

Stone Therapy Technic	적용 방법
글라이딩(Gliding)	• 편평한 스톤을 이용하여 근육부위를 미끄러지듯이 쓸어주는 동작 • Effleurage • 적용 부위 :
스피닝(Spinning)	• 편평하고 중량감 있는 스톤으로 원을 그리며 돌려주며 압을 깊게 눌러주는 동작 • 적용 부위 :
탭핑(Tapping)	• 두 개의 스톤을 이용하여 한 개는 필요한 인체 부위에 올려놓고 열을 전달하고 다른 한 개의 스톤으로 올려둔 돌을 가볍게 두드리는 동작으로 적용
엣징(Edging)	• 스톤의 모서리 부위를 이용하여 근육의 깊은 부위를 문지르며 적용
코쿠닝(Cocooning)	• 적용하는 인체 부위에 타올을 덮어두고 스톤을 적용하는 동작 • 적용 부위 : 근육 수축, 근육 손상 부위
플러싱(Flushing)	• 스톤의 편평한 가장자리 부위로 인체의 말초신경을 향해 길게 다림질 하듯 쓸어주는 동작 • 긴장 완화 효과
플리핑(Flipping)	• 핫스톤과 쿨스톤을 교대로 적용하는 동작

3. 스톤테라피(Stone Therapy)

1) 스톤의 종류

종류	특징
화성암	• 마그마가 흘러나와 암석이 된 것으로 단단하고 광택을 띤다.
수성암	• 침전암 • 물의 작용에 의해 퇴적되어 굳어진 암석이다.
현무암	• 화성암 중 분출암의 일종으로 회색 또는 흑색을 띄는 화산암 • 열전도 및 열 보존 능력이 우수하여 핫스톤으로 이용 • 미네랄을 다량 함유한다. • 다량의 원적외선 방출 능력이 있다. • 파장이 긴 원적외선은 몸 속 깊숙이 침투할 수 있는 장점이 있고 스스로 열을 내게 하는 성질이 있어 온열관리에 효과적이다.
변성암	• 암석이 높은 열과 압력에 의해 성질이 변하는 변성작용으로 만들어진 암석 • 원래의 암석보다 암석을 이루는 광물의 결정이 크다. • 규암 : 사암이 열과 압력의 영향으로 만들어진 변성암으로 크기가 크고 치밀하다. • 대리암 : 석회암이 열과 압력의 영향으로 만들어진 변성암으로 결정이 크고 단단하다. • 편암, 편마암 등도 있다.

2) 스톤의 온도

(1) 스톤의 온도

종류	특징	적용
핫스톤 (HOT STONE)	• 뜨거운 돌 • 주로 현무암을 이용 • 돌의 온도는 48.8~57.2℃가 적당 (최대 58℃ 이하) • 혈액순환 촉진, 통증 완화, 신지대사 활성화, 노폐물 제거, 근육과 관절의 이완 등의 효과	• 신체의 한부분에 머물지 않도록 주의
웜스톤 (WARM STONE)	• 따뜻한 돌 • 주로 현무암을 이용 • 돌의 온도는 26.6~43.3℃가 적당 (최대 44℃ 이하)	• 피부에 화상을 주지 않으므로 스톤을 움직이지 않고 고정시켜 적용 가능
쿨스톤 (COOL STONE)	• 차가운 돌 • 돌의 온도는 36.7℃의 신체온도보다 낮은 온도가 적당 • 주로 대리석을 이용 • 급성 염증 등 체온을 낮추는 효과, 진정관리. 탄력관리, 혈관수축, 부교감신경계 자극 등의 효과	• 탄력 • 진정 • 교차관리
아이스스톤 (ICED STONE)	• 얼린 돌 • 돌의 온도는 0℃ 이하 • 주로 대리석을 이용 • 급성 염증 등 체온을 낮추는 효과, 진정관리, 혈관수축, 부감신경계 자극 등의 효과	• 직접 피부에 닿지 않게 사용 • 동상 주의

(2) 핫스톤과 쿨스톤

종류	특징
핫스톤 (HOT STONE)	• 신진대사 증가 • 혈관 확장 • 근육 및 관절의 이완 • 기타 :
쿨스톤 (COOL STONE)	• 혈관 수축 • 부교감신경계 자극 • 면역력 상승 • 염증 완화 • 기타 :
핫스톤 (HOT STONE)과 쿨스톤 (COOL STONE) 의 교차관리	• 핫스톤 10~15 분, 쿨스톤 5분 관리 • 혈액순환의 증가 및 생리적 변화 • 탄력관리 • 기타 :

3) 스톤의 기능

(1) 스톤의 모양과 기능

스톤의 종류	기능
작고 둥근 모양	·
작고 납작한 모양	·
작고 기다란 모양	·
크고 둥근 모양	·
크고 기다란 모양	·
다면체 모양	·

(2) 피부관리에 사용되는 스톤의 종류

기능	스톤의 종류
얼굴관리	
비만과 셀룰라이트 관리	
근육조직 및 통증완화	
전신관리	

4) 스톤의 소독과 위생

(1) 스톤의 소독과 위생

① 스톤 관리 시, 아로마 블렌딩 오일 등을 이용하므로 스톤에 묻은 오일을 사용 후 바로 세척한다.

② 사용한 스톤은 중성세제 또는 염소 등의 소독제를 섞은 물에 15분 정도 담가 놓은 후 흐르는 물에 깨끗이 세척 후 건조한 후 소독기에서 소독 후 용기에 담아 보관한다.

③ 염소 또는 알코올 등으로 소독 후 건조시킨 후 보관한다.

④ 스톤을 사용하기 전 소독기에 보관한 후 사용하거나 소독제를 이용하여 소독 후 사용한다.

(2) 스톤의 보관 및 관리법

① 스톤을 세척과 소독을 한 후 전자레인지에 약 30초간 적용 후 보관한다.

② 보관 시 젖은 타올, 온장고, 스톤히터 등에 그대로 보관 시 세균 등에 노출 될 수 있으므로 세척 및 소독 후 반드시 건조시켜 보관한다.

5) 스톤테라피를 위한 준비 및 주의사항

(1) 스톤관리 준비하기

① 스톤의 개수

스톤의 열감을 계속 유지하기 위해 필요한 스톤 용량의 2배수 이상을 준비한다.

② 스톤온기구 등 사용기구 준비

(2) 스톤소독하기

① 스톤을 사용하기 전 소독기에 보관한 후 사용하거나 소독제를 이용하여 소독 후 사용한다.

② 스톤을 세척과 소독을 한 후 전자레인지에 약 30초간 적용 후 보관한 후 사용한다.

(3) 스톤데우기

① 고객의 예약된 관리 전 스톤관리 도구를 준비한 후 예약시간에 맞춰 스톤을 소독한 후 소독기에 준비하고 온기구에 물을 담아 예열하여 둔다.

② 스톤 온기구(스토히터 / 스톤스토브 등)를 이용하여 스톤관리를 하는 동안 적당한 온도(50~60℃)를 일정하게 유지할 수 있도록 준비한다.

제2장 스톤테라피(Stone Therapy)의 실제

1. 얼굴 스톤테라피(Ⅰ)

얼굴 스톤 관리하기

준비사항

○ 준비물 : 얼굴용 스톤 6개, 온습포 1개, 건포 1개, 마사지크림(오일)
○ 적용피부 : 모든피부
○ 주의사항 :

준비 : 왼쪽(온스톤3개), 오른쪽(냉스톤3개)를 준비한다.

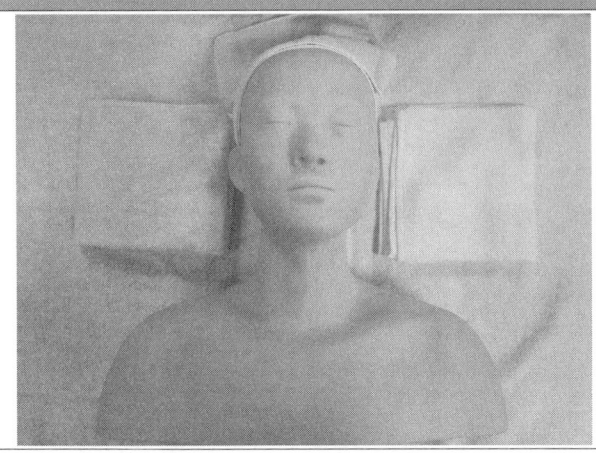

- **방법 및 주의사항**
  - 스톤워머와 냉장고에서 꺼내온 온스톤과 냉스톤의 온도를 유지하기 위해 타월을 이용하여 덮어둔다.

▼

시술 방법 : 스톤테라피를 위한 매뉴얼테크닉 적용 후→ 온스톤→ 냉스톤→ 온냉스톤→ 마무리

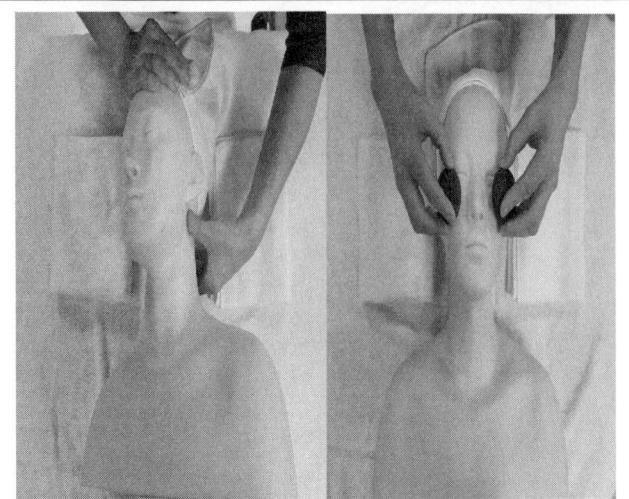

- **방법 및 주의사항**
  - **얼굴)스톤테라피 순서**
  ① 매뉴얼테크닉
  ② 온스톤
  ③ 냉스톤
  ④ 온냉스톤

스톤 적용 전 매뉴얼테크닉 동작) 제품도포하기 후 시작→		
순서 1 : 늑골사이 3줄을 모지로 한줄당 4번씩 양손 교대로 액와로 빼기		
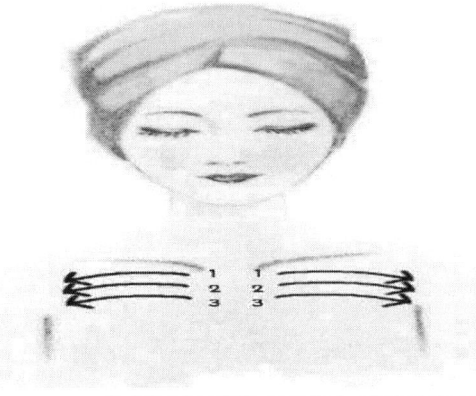	• 방법 및 주의사항	
	◆ 쇄골 밑을 중앙부위에서 액와쪽으로 양손교대로 이동하며 빼주기 ◆ 양쪽 늑골사이 3부위 적용 ◆ 왼손→오른손 적용 ◆ 왼쪽→오른쪽 적용	

▼

순서 2 : 액와를 양손 수근으로 양손 교대로 위에서 아래로 빼기(4번)

• 방법 및 주의사항

◆ 왼손→오른손 적용
◆ 왼쪽→오른쪽 적용

▼

순서 3 : 고개를 돌리고 왼쪽 흉쇄유돌근,상승모근 사이 3줄 귀밑, 터미너스로 엄지(모지)로 8번 원그리며 내려가기
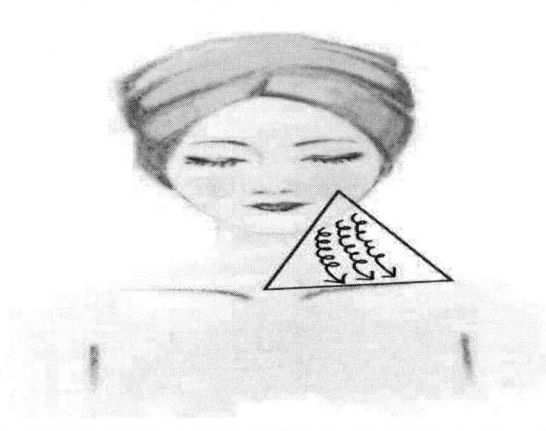

• 방법 및 주의사항

◆ 엄지로 적용
◆ 내려주는 방향으로 리듬 적용
◆ 순서3번~ 7번 까지)
고개를 한쪽씩 돌려놓고)
왼쪽 먼저 한 후 → 오른쪽 적용

▼

순서 4 : 목의 삼각형 부위 전체를 크게 엄지(모지)로 8번 원그리며 내려가기

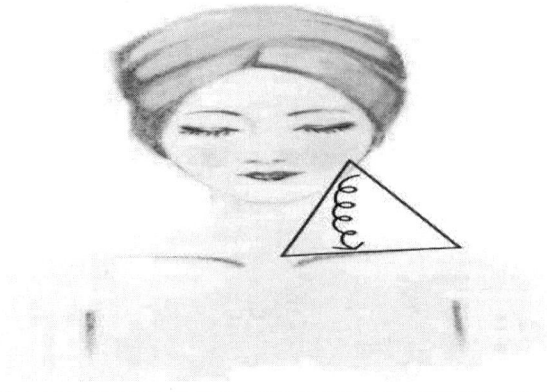

- 방법 및 주의사항
    - ◆ 수근부위도 적용하여 밀착시켜 원그리기

▼

순서 5 : 승모근 안쪽 견정 주위를 엄지(모지)로 안에서 밖으로 빼기 (8번)

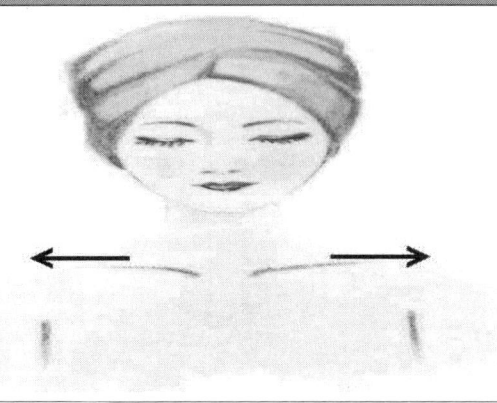

- 방법 및 주의사항
    - ◆

▼

순서 6 : 목의 삼각형 부위 전체를 크게 모지로 8번 원그리며 내려가기(=4번)

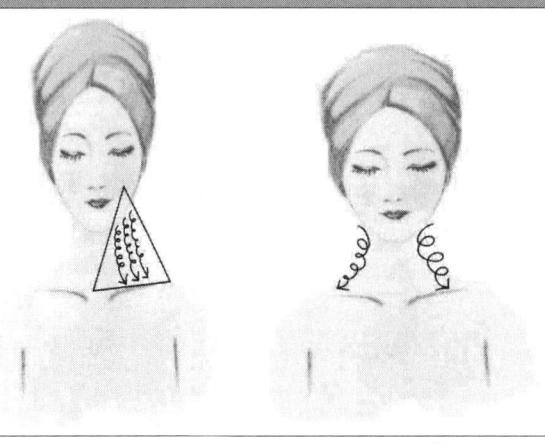

- 방법 및 주의사항
    - ◆ 순서4번과 같은 동작

▼

순서 7 : 액와 모지로 위에서 아래로 빼주기 4번	
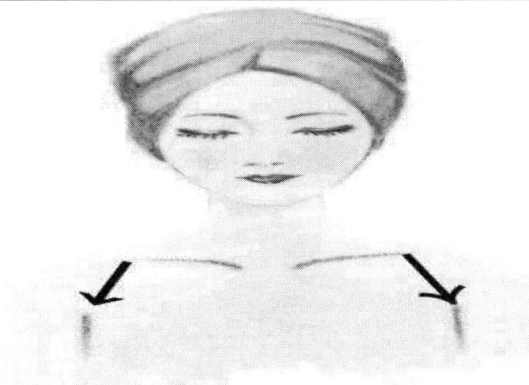	• **방법 및 주의사항** ◆ 액외부위 한쪽 씩) 왼손 → 오른손 교대로 적용(4번씩)

온스톤 동작 시작) 순서 8-1 : 콧등 좌/우 교대로 이마 끝까지 쓸어 올리기 4번	
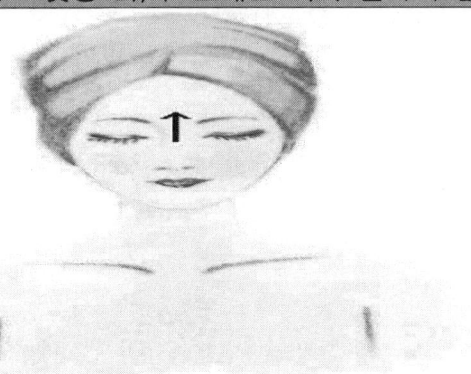	• **방법 및 주의사항** ◆ 양손에 온스톤을 쥐고 적용 ◆ 코끝에서 이마 끝까지 적용 ◆ 왼손 → 오른 손 교대로 적용

순서 8-2 : 이마에서 관자 수영방향으로 8번 동글 후 그대로 터미누스 일자로 빼기	
	• **방법 및 주의사항** ◆ 8-1번 적용 후) 양손 동시에 적용

순서 9 : 눈썹에서 관자로 수영방향으로 8번 동글 후 그대로 터미누스로 빼기 1번

• 방법 및 주의사항

♦ 양손 동시에 적용

① 눈썹부위 :

　눈썹앞에서 관자로 8번 원그리며 이동(2번)

② 관자에서 터미누스까지 얼굴 옆면을 타고 내려가며 빼주기(2번)

▼

순서 10 : 코벽타고 올라와 미간에서 스톤을 눕혀 이마 끝까지 쓸어 올리기(4번) 후 → 눈 밑에서 관자로 수영방향으로 원그리며 이동하기(2번) → 후 그대로 일자로 터미누스까지 빼기(2번)

• 방법 및 주의사항

① 코벽타고 이마끝까지 올려주기) 양손 교대로 왼손→오른손(4번)

② 눈 밑에서 관자로 8번 원그리기(2번)

③ 관자에서 터미누스까지 빼주기(2번)

▼

순서 11 : 인중 좌/우 교대로 4번하고 인중 옆 아래 볼에서 귀 앞까지 수영 방향으로 8번 동글 후 그대로 터미누스로 빼기

• 방법 및 주의사항

♦ ① 인중 부위

　왼손→오른손 으로 좌우교대로 인중부위 쓸어오기(4번)

♦ ② 인중 양 옆에서 귀앞까지 8번 원그리며 이동(2번)

♦ ③ 귀앞에서 터미누스까지 빼주기(2번)

▼

순서 12 : 턱 중앙 좌우 교대로 ×모양 4번하고 턱 중앙에서 턱선 끝 수영 방향으로 8번 동글 후 그대로 터미누스로 빼기

- **방법 및 주의사항**

① 턱부위
  왼손→오른손 으로 좌우교대로 인중부위 쓸어오기(4번)
② 턱 중앙에서 턱 선 끝까지 8번 원그리며 이동(2번)
③ 턱선 끝에서 터미누스까지 빼주기(2번)

▼

순서 13 : 왼쪽 목부터 위로 올리듯 반씩 겹쳐서 왕복 1번

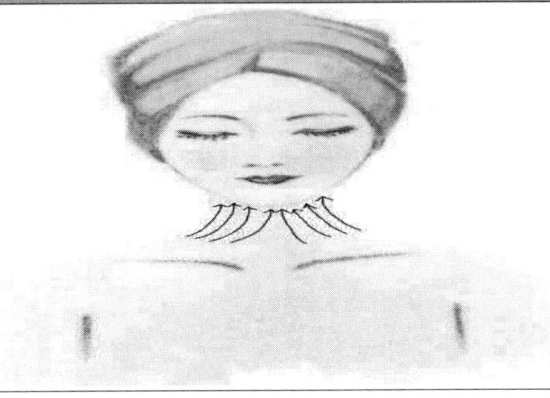

- **방법 및 주의사항**

- 왼쪽에서) 왼손→오른손 교대로 오른쪽으로 이동하며 적용

▼

순서 14 : 이중턱 가운데에서 프로펀더스 (왼/오) (좌/우) 번갈아 4번

- **방법 및 주의사항**

- 왼손 → 오른손 교대로 번갈아 적용(4번)

▼

순서 15 : 귀 뒤에 스톤을 대고 밑에서 위로 엄지로 가로로 펴듯이 스트레칭	
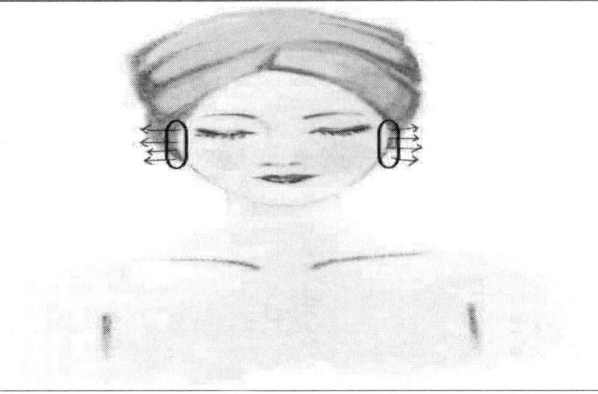	• 방법 및 주의사항 ◆ 귀 밑에서부터 스트레칭하며 귀 위로 이동하며 적용

▼

냉스톤 동작 시작) 순서 16 : 팔자주름 내리듯이 양손 같이 4번	
	• 방법 및 주의사항 ◆ 입꼬리내림근

▼

순서17 (얼굴부위는 온스톤과 반대로, 목과 이중턱은 온스톤과 동일하게 적용) 17-1 : 턱 중앙 좌우 교대로 ×모양 4번하고 턱 중앙에서 턱선 끝 수영방향으로 8번 동글 후 그대로 터미누스로 빼기	
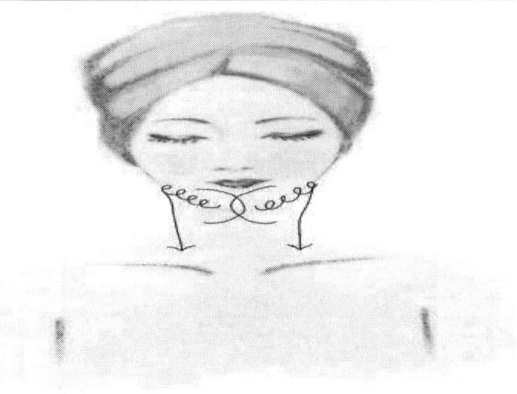	• 방법 및 주의사항 ① 턱부위 왼손→오른손 으로 좌우교대로 인중부위 쓸어오기(4번) ② 턱 중앙에서 턱 선 끝까지 8번 원그리며 이동(2번) ③ 턱선 끝에서 터미누스까지 빼주기(2번)

▼

순서 17-2 : 인중 좌/우 교대로 4번하고 인중 옆 아래 볼에서 귀 앞까지 수영방향으로 8번 동글 후 그대로 터미누스로 빼기

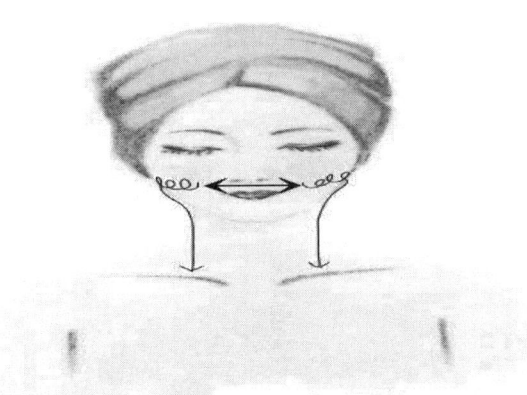

- **방법 및 주의사항**

① 인중 부위

  왼손→오른손 으로 좌우교대로 인중부위 쓸어오기(4번)

② 턱 중앙에서 턱 선 끝까지 8번 원그리며 이동(2번)

③ 턱선 끝에서 터미누스까지 빼주기(2번)

순서 17-3 : 코벽타고 올라와 미간에서 스톤을 눕혀 이마 끝까지 쓸어올리기(4번) 후 → 눈 밑에서 관자로 수영방향으로 원그리며 이동하기(1번) → 후 그대로 일자로 터미누스까지 빼기(1번)

- **방법 및 주의사항**

① 코벽타고 이마끝까지 올려주기) 양손 교대로 왼손→오른손(4번)

② 눈 밑에서 관자까지 8번 원그리기(2번)

③ 관자에서 얼굴 옆면을 타고 내려와 옆목을 지나 터미누스까지 그대로 빼주기(2번)

순서 17-4 : 눈썹에서 관자로 수영방향으로 8번 동글 후 그대로 터미누스로 빼기

- **방법 및 주의사항**

◆ 양손 동시에 적용

① 눈썹부위 :

  눈썹앞에서 관자로 8번 원그리며 이동(2번)

② 관자에서 터미누스까지 빼주기(2번)

순서 17-5-1 : 콧등 좌/우 교대로 이마 끝까지 쓸어 올리기 4번	
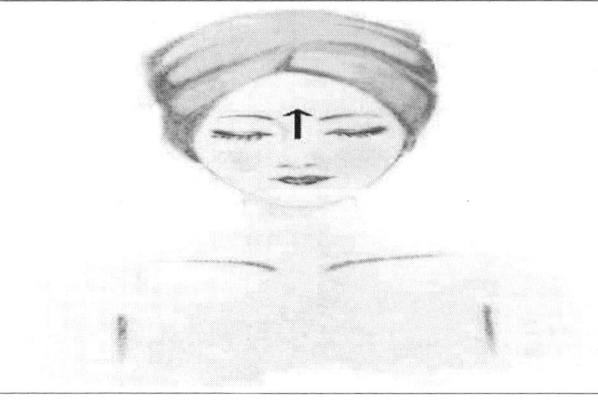	**● 방법 및 주의사항** ◆ 양손에 냉스톤을 쥐고 적용 ◆ 코끝에서 이마 끝까지 적용 ◆ 왼손 → 오른 손 교대로 적용

▼

순서 17-5-2 : 이마에서 관자 수영방향으로 8번 동글 후 그대로 터미누스 일자로 빼기	
	**● 방법 및 주의사항** ◆ 17-5-1번 적용 후) 양손 동시에 적용

▼

순서 17-6 : 왼쪽 목부터 위로 올리듯 반씩 겹쳐서 왕복 1번	
	**● 방법 및 주의사항** ◆ 목 왼쪽 목부터 오른쪽으로 위로 올리듯이 온스톤과 냉스톤이 교대로 반씩 같은 자리를 반씩 겹치며 이동(왕복)

▼

순서 17-7 : 이중턱 가운데에서 프로펀더스 (왼/오) (좌/우) 번갈아 4번

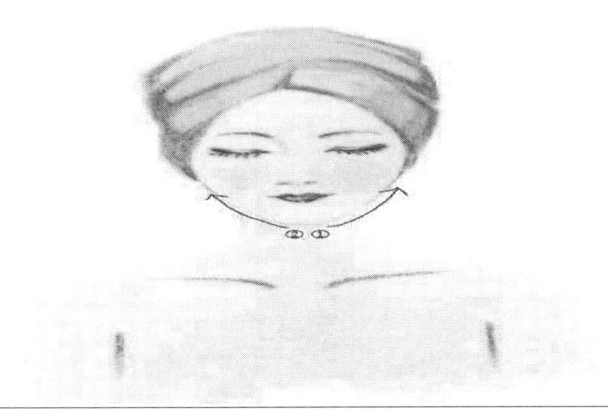

- 방법 및 주의사항
  - 왼손 → 오른손 교대로 번갈아 적용(4번)

순서 18 : 눈 뒤에서 앞 굴곡에 맞춰 왔다 갔다 4번 후 관자로 빼기

- 방법 및 주의사항
  - 스톤을 눈 위에 대고) 눈의 앞과 뒤로 스톤을 누르고 떼었다하며 마지막에 관자로 빼주기

온냉스톤 동작 시작) 왼손의 온스톤 + 오른손의 냉스톤 (순서로 적용)
순서 19 : 콧등 온,냉으로 좌/우 이마 끝까지 쓸어 올리기 2번

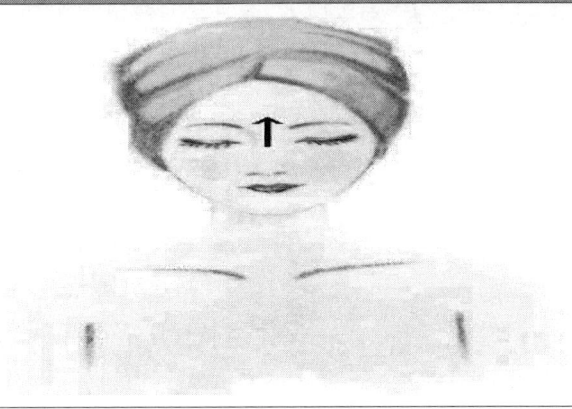

- 방법 및 주의사항
  - 왼손(온스톤)
  - 오른손(냉스톤)
  - 항상) 온냉스톤 관리는 온스톤이 간 자리를 그대로 냉스톤이 따라간다.(진정/마무리)

순서 20 : 코벽 온(왼손) 냉(오른손) 순서로 올라와서 미간에 눕혀 이마 끝 올라가기 (왼쪽 1번 / 오른쪽 1번)

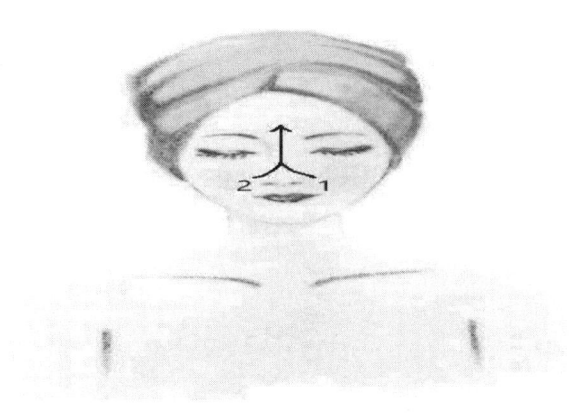

• **방법 및 주의사항**

① 오른쪽) 코벽을 온스톤(왼손)으로 코벽 끝에서 이마 끝까지 쓸어올리기 (1번)

② 오른쪽 코벽) 냉스톤(오른손)으로 코벽 끝에서 이마 끝까지 쓸어올리기 (1번)

③ 왼쪽) 코벽을 온스톤(왼손)으로 코벽 끝에서 이마 끝까지 쓸어올리기(1번)

④ 왼쪽 코벽) 냉스톤(오른손)으로 코벽 끝에서 이마 끝까지 쓸어올리기(1번)

▼

순서 21 : 이마 왼쪽) 관자에서 4지점 이마 중앙 세로로 완전히 겹치며 올리기 지점당 1번씩(온→냉 스톤 교대로)

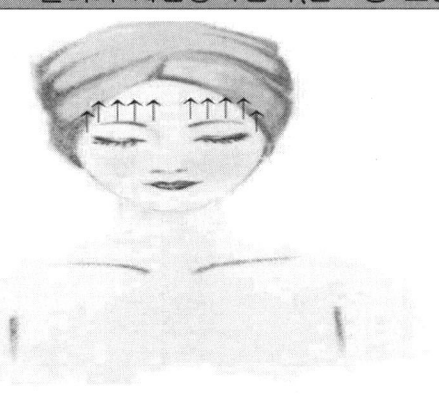

• **방법 및 주의사항**

♦ 왼쪽 1번 / 오른쪽 1번

① 이마 왼쪽 관자부터 이마 중앙까지 (세로)일자로 (겹치면서) 올리기 4줄

② 이마 오른쪽 관자부터 이마 중앙까지 (세로)일자로 (겹치면서) 올리기 4줄

▼

순서 22 : 볼 왼쪽) 아랫볼 턱끝에서 부터 턱 중앙 까지 온에서 냉으로 완전 겹쳐서 올리고, 왼쪽 윗볼 동일하게 적용, 지점당 1번씩

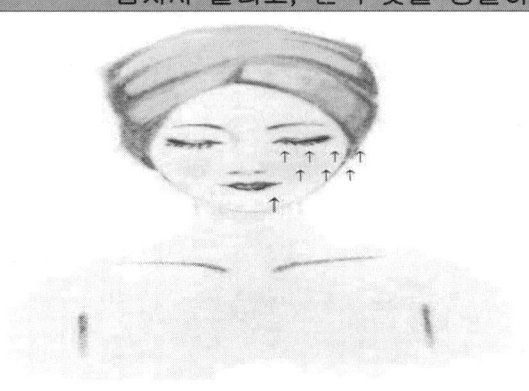

• **방법 및 주의사항**

① 볼 왼쪽 아랫 볼 턱끝에서 턱 중앙까지 (세로)일자로 (겹치면서) 올리기 4줄

② 볼 왼쪽 윗 볼 귀 앞에서 콧볼 옆까지 (세로)일자로 (겹치면서) 올리기 4줄

▼

순서 23 : 볼 오른쪽 아랫볼 완전히 겹쳐서 동일하게 하고 볼 오른쪽 윗볼도 동일 하게 지점당 1번씩	
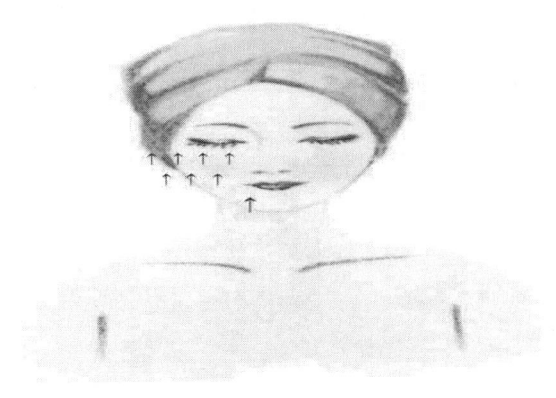	• 방법 및 주의사항 • ① 볼 오른쪽 아랫 볼 턱 끝에서 턱 중앙까지 (세로)일자로 (겹치면서) 올리기 4줄 • ② 볼 오른쪽 윗 볼 귀 앞에서 콧볼 옆까지 (세로)일자로 (겹치면서) 올리기 4줄

▼

순서 24 : 인중 왼쪽에서 오른쪽으로 온이 간 자리를 냉이 따라간 후 다시 반대로 인중 오른쪽에서 왼쪽으로 온이 간 자리 냉이 따라가기(1번)	
	• 방법 및 주의사항 인중 왼쪽에서 오른쪽으로 (온이 간 자리 냉이 따라가주기) 1번

▼

순서 25 : 목 왼쪽에서 오른쪽으로 온,냉 같은자리 겹치면서 이동 왕복(1번)	
	• 방법 및 주의사항 • 목 왼쪽 목부터 오른쪽으로 위로 올리듯이 온, 냉이 같은 자리를 겹치며 이동

▼

순서 26 : 이중턱 왼쪽 턱 중앙에서 턱 끝 온이 간 자리 냉이 따라간 후 반대로 이중턱 오른쪽 턱 중앙에서 턱 끝 온이 간 자리 냉이 따라가기 1세트	
	• 방법 및 주의사항 ① 이중턱 턱 중앙에서 왼쪽 턱 끝으로 (온이 간 자리 냉이 따라 가주기) 1번 ② 이중턱 턱 중앙에서 오른쪽 턱 끝으로 (온이 간 자리 냉이 따라 가주기) 1번

▼

순서 27 : 스톤을 귀 앞에 놓고 4~6초 머무른 후 스톤을 바꿔서 한 번 더 머무르기	
	• 방법 및 주의사항 • 스톤을 양쪽 귀 앞에 놓고 4~6초 머무른 후 (스톤을 양 손 바꿔서 한 번 더) 머무르기 (양손 교대해서 2번)

▼

마무리) 제품을 닦아내고 마무리하기	
	• 방법 및 주의사항 •

▼

2. 얼굴스톤테라피(Ⅱ)

1) 매뉴얼테크닉

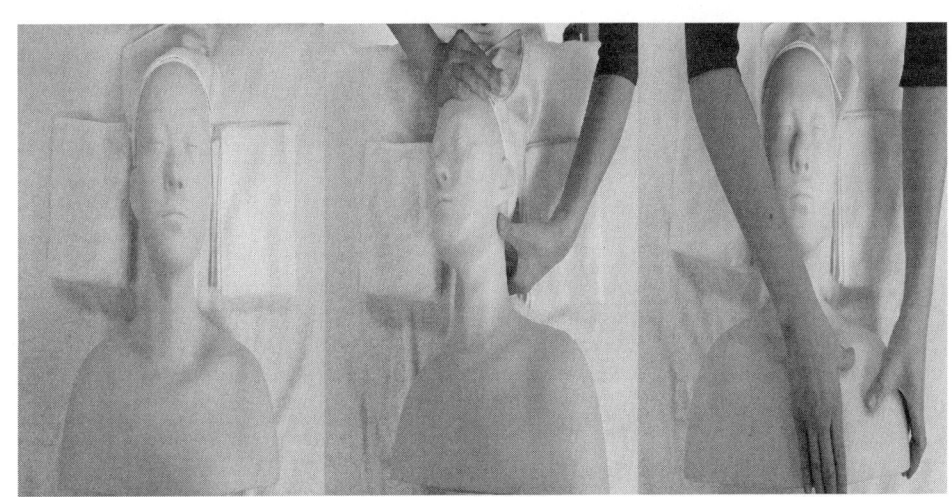

얼굴 스톤 관리하기 (매뉴얼테크닉)

준비사항

○ 준비물 : 얼굴용 스톤 6개, 온습포 1개, 건포 1개, 마사지크림(오일)
○ 적용피부 : 모든 피부
○ 주의사항 :

준비 : 왼쪽(온스톤 3개), 오른쪽(냉스톤 3개)를 준비한다.	
	• 방법 및 주의사항 ◆ 스톤워머와 냉장고에서 꺼내온 온스톤과 냉스톤의 온도를 유지하기 위해 타월을 이용하여 덮어둔다.

▼

시술 방법 : 스톤테라피를 위한 매뉴얼테크닉 적용 후→ 온스톤→ 냉스톤→ 온냉스톤→ 마무리	
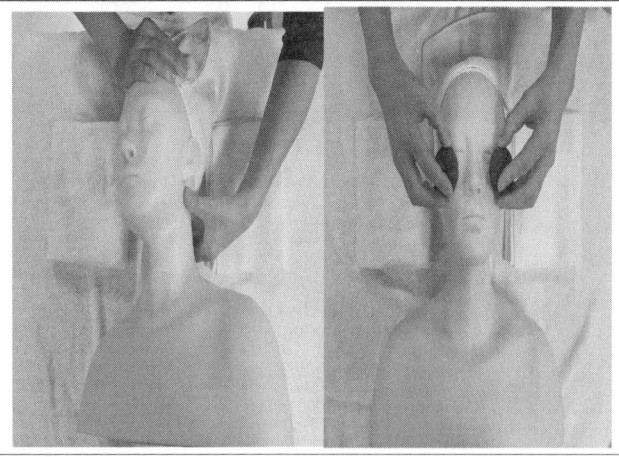	• 방법 및 주의사항 ◆ 얼굴)스톤테라피 순서 ① **매뉴얼테크닉** ② 온스톤 ③ 냉스톤 ④ 온냉스톤

순서 1 : (왼쪽) 늑골 사이 3줄을 모지로 한줄당 4번씩 액와로 빼기x2

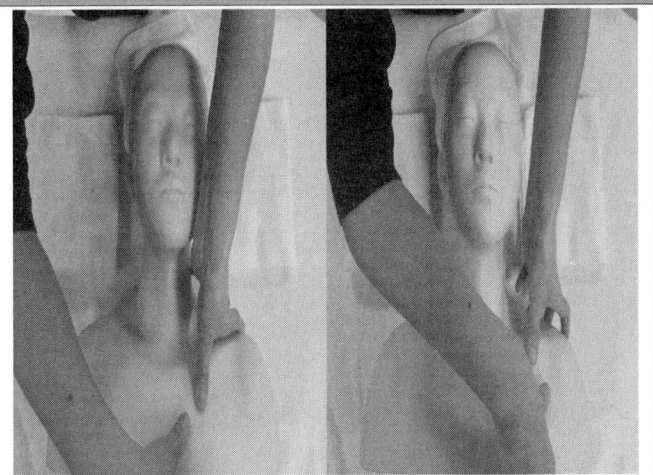

- 방법 및 주의사항
  ◆

▼

순서 1 : (왼쪽) 늑골 사이 3줄을 모지로 한줄당 4번씩 액와로 빼기x2

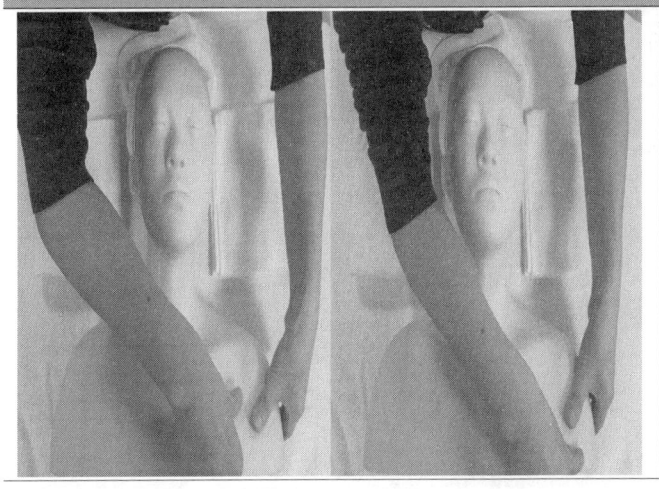

- 방법 및 주의사항
  ◆

▼

순서 2 : 액와를 수근으로 번갈아서 위에서 아래로 빼기x2

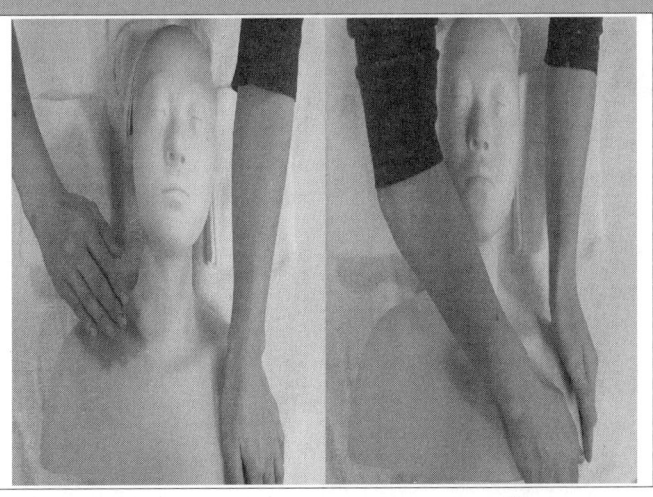

- 방법 및 주의사항
  ◆

▼

순서 2 : 액와를 수근으로 번갈아서 위에서 아래로 빼기x2	
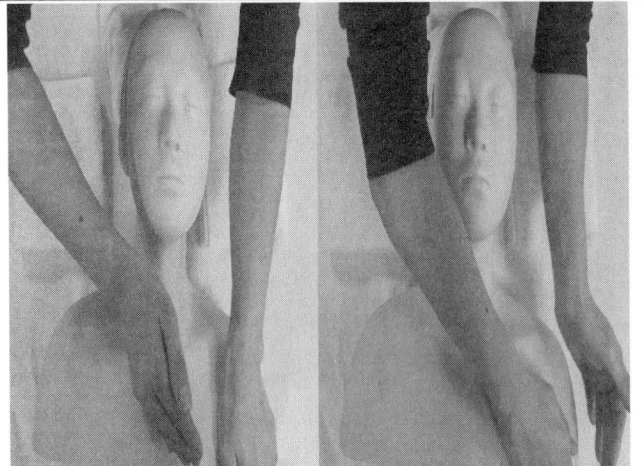	• 방법 및 주의사항 ◆

▼

순서 1 : (오른쪽) 늑골 사이 3줄을 모지로 한줄당 4번씩 액와로 빼기x2	
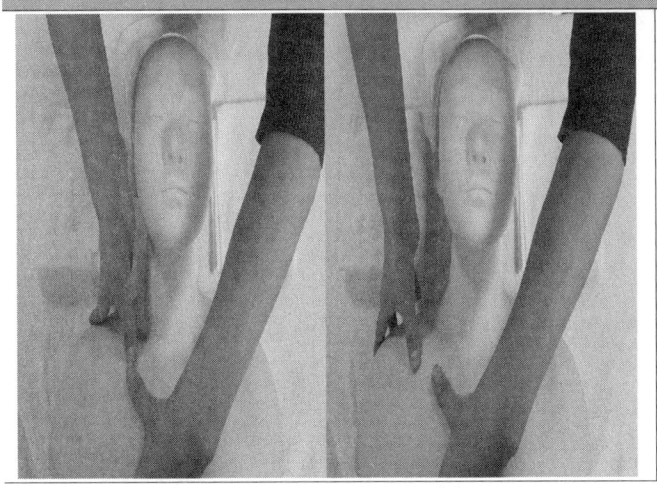	• 방법 및 주의사항 ◆

▼

순서 1 : (오른쪽) 늑골 사이 3줄을 모지로 한줄당 4번씩 액와로 빼기x2	
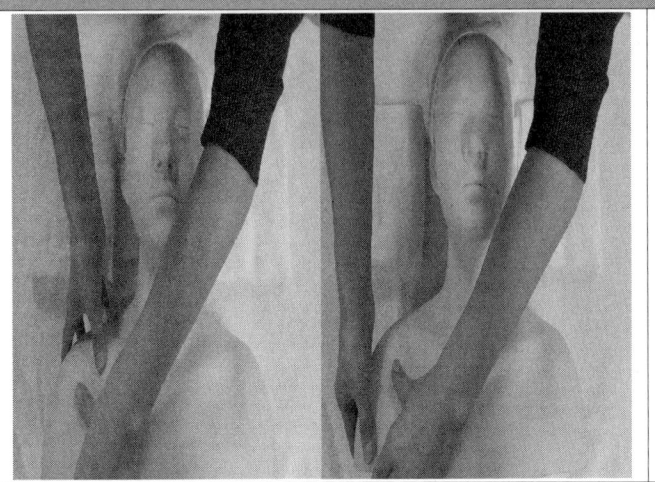	• 방법 및 주의사항 ◆

▼

순서 2 : 액와를 수근으로 번갈아서 위에서 아래로 빼기x2

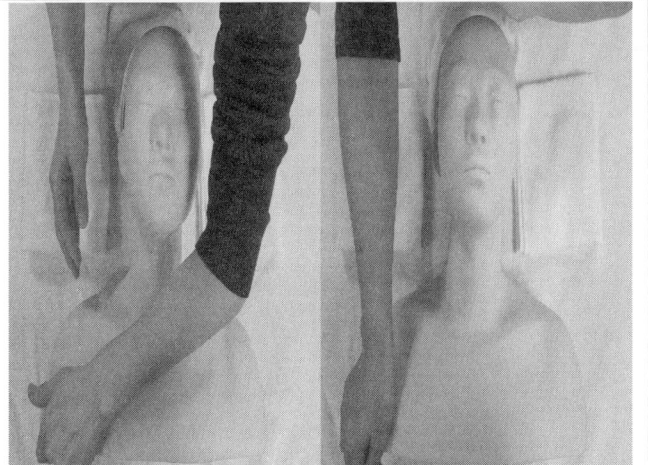

- 방법 및 주의사항
  ◆

▼

순서 2 : 액와를 수근으로 번갈아서 위에서 아래로 빼기x2

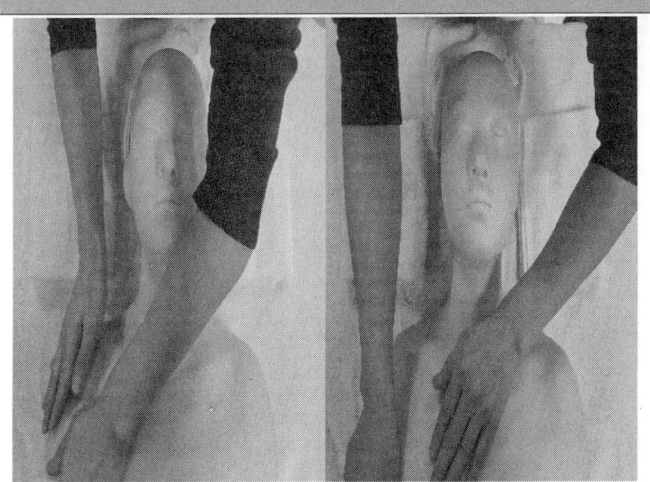

- 방법 및 주의사항
  ◆

▼

순서 3 : (고개 돌려놓고-왼쪽 먼저) 목의 삼각형 부위 (흉쇄유돌근, 상승모근, 사이)의 3줄을 1줄 당 엄지 지문부위로 귀밑에서부터 터미누스까지 원그리며 내려가기 (8번씩)x1

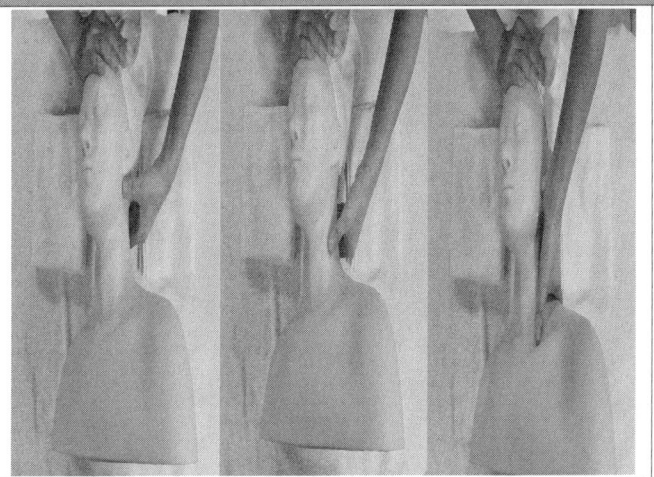

- 방법 및 주의사항
  ◆

▼

순서 3 : (고개 돌려놓고-왼쪽 먼저) 목의 삼각형 부위 (흉쇄유돌근, 상승모근, 사이)의 3줄을 1줄 당 엄지 지문부위로 귀밑에서부터 터미누스까지 원그리며 내려가기 (8번씩)x1

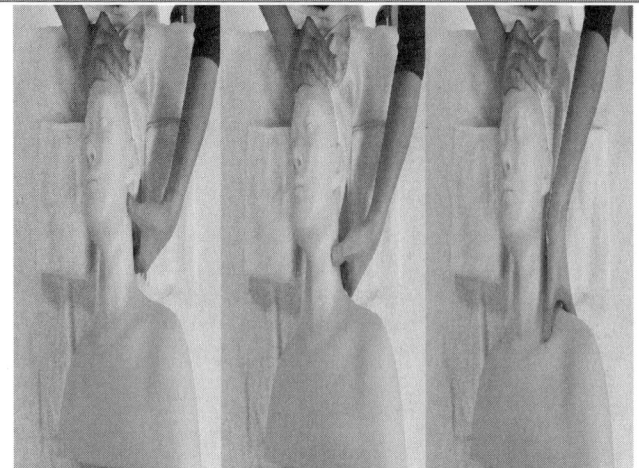

- 방법 및 주의사항
  -

▼

순서 3 : (고개 돌려놓고-왼쪽 먼저) 목의 삼각형 부위 (흉쇄유돌근, 상승모근, 사이)의 3줄을 1줄 당 엄지 지문부위로 귀밑에서부터 터미누스까지 원그리며 내려가기 (8번씩)x1

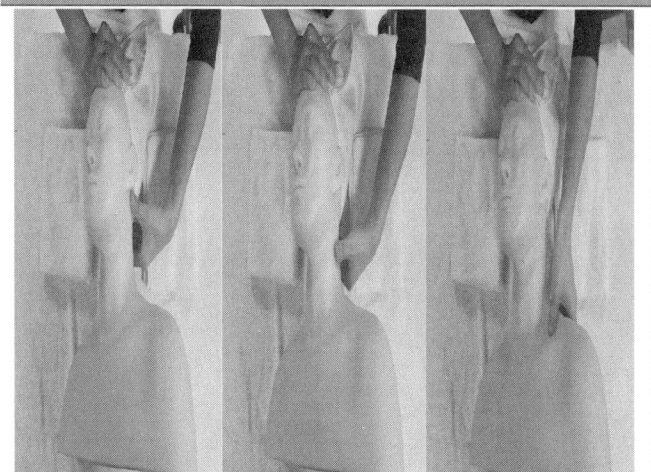

- 방법 및 주의사항
  -

▼

순서 4 : 목의 삼각형 부위 전체를 크게 엄지로 8번 원그리기x2

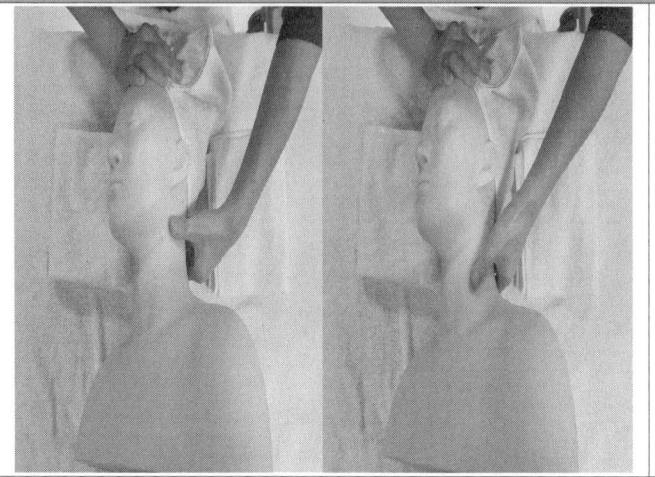

- 방법 및 주의사항
  -

▼

순서 4 : 목의 삼각형 부위 전체를 크게 엄지로 8번 원그리기x2

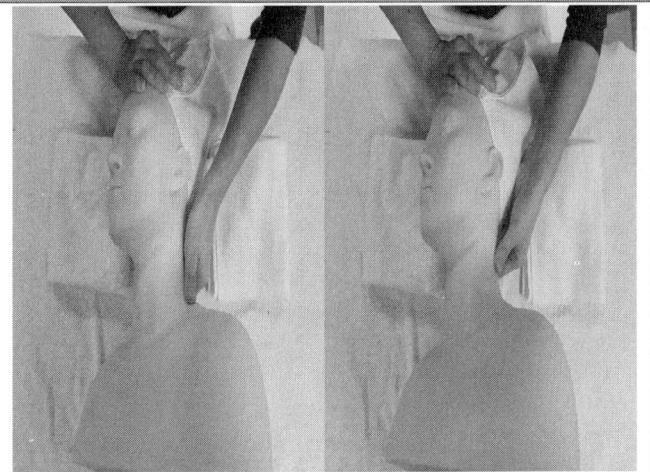

- 방법 및 주의사항
- ◆

▼

순서 5 : 승모근 안쪽 견정 주위 모지로 안에서 밖으로 빼기 8번

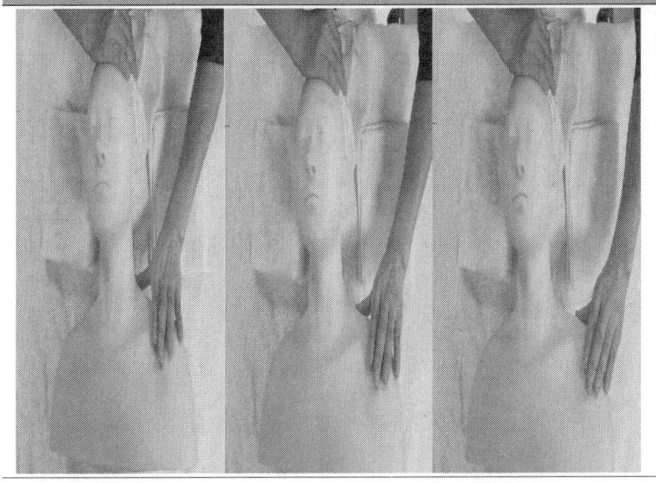

- 방법 및 주의사항
- ◆

▼

순서 6 : 목의 삼각형 부위 전체를 크게 엄지로 8번 원그리기x2

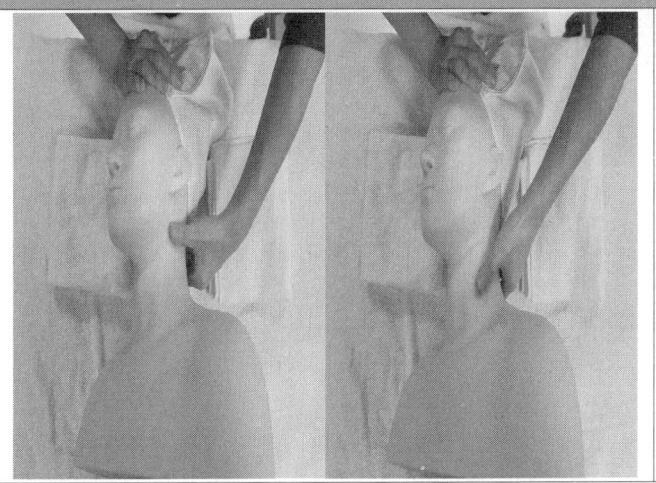

- 방법 및 주의사항
- ◆

▼

순서 6 : 목의 삼각형 부위 전체를 크게 엄지로 8번 원그리기x2

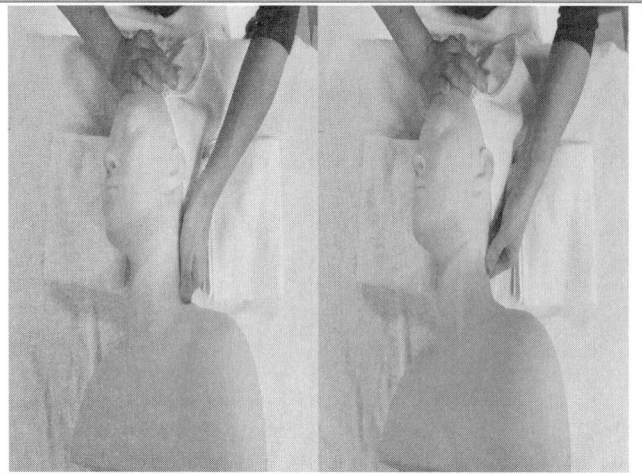

- 방법 및 주의사항
  - ◆

순서 7 : 액와를 엄지 지문부위로(모지로) 빼기 (위-아래, 액와쪽으로 빼기) 4번

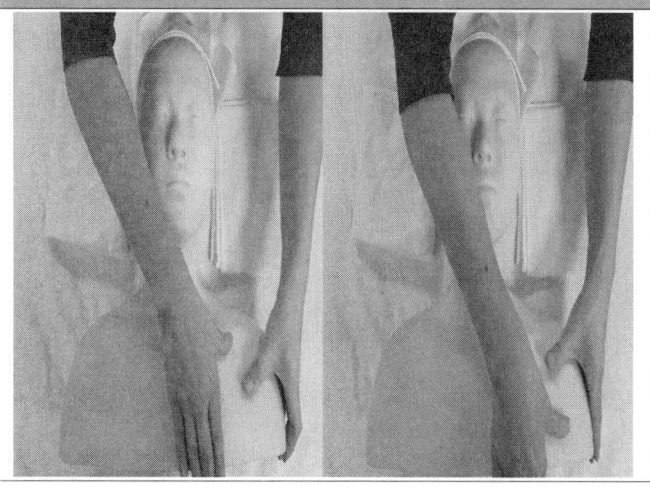

- 방법 및 주의사항
  - ◆

순서 7 : 액와를 엄지 지문부위로(모지로) 빼기 (위-아래, 액와쪽으로 빼기) 4번

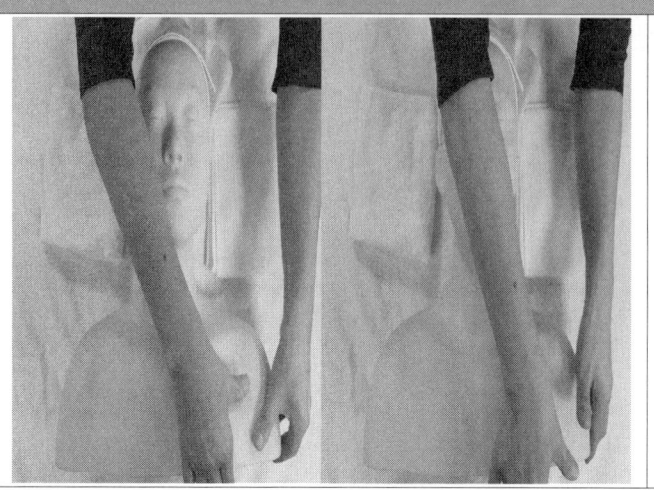

- 방법 및 주의사항
  - ◆

순서 8 : (고개 돌려놓고-오른쪽) 목의 삼각형 부위 (흉쇄율돌근, 상승모근, 사이)의 3줄을 1줄 당 엄지 지문부위로 귀밑에서부터 터미누스까지 원그리며 내려가기 (8번씩)x1

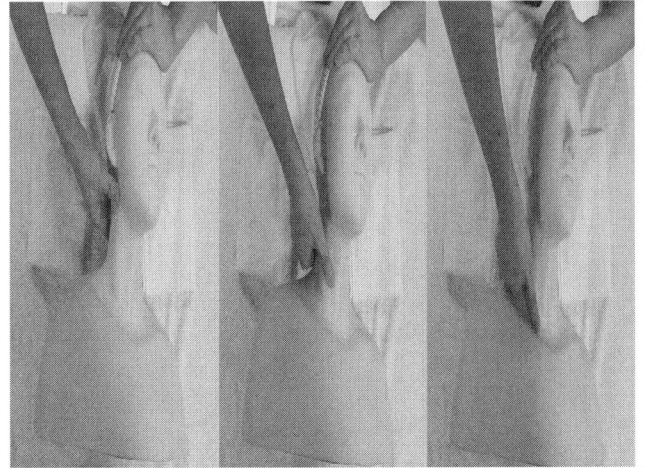

- 방법 및 주의사항
  ◆

▼

순서 8 : (고개 돌려놓고-오른쪽) 목의 삼각형 부위 (흉쇄율돌근, 상승모근, 사이)의 3줄을 1줄 당 엄지 지문부위로 귀밑에서부터 터미누스까지 원그리며 내려가기 (8번씩)x1

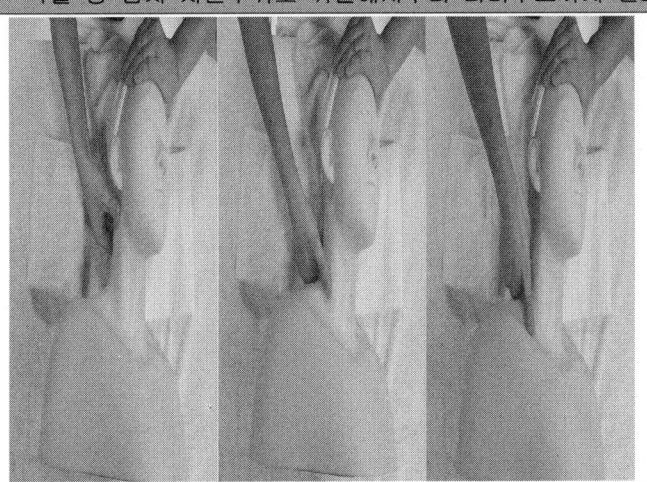

- 방법 및 주의사항
  ◆

▼

순서 8 : (고개 돌려놓고-오른쪽) 목의 삼각형 부위 (흉쇄율돌근, 상승모근, 사이)의 3줄을 1줄 당 엄지 지문부위로 귀밑에서부터 터미누스까지 원그리며 내려가기 (8번씩)x1

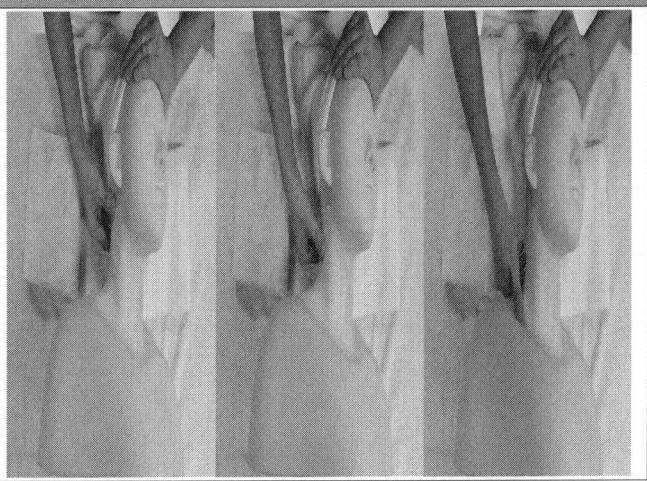

- 방법 및 주의사항
  ◆

▼

순서 9 : 목의 삼각형 부위 전체를 크게 엄지로 8번 원그리기x2

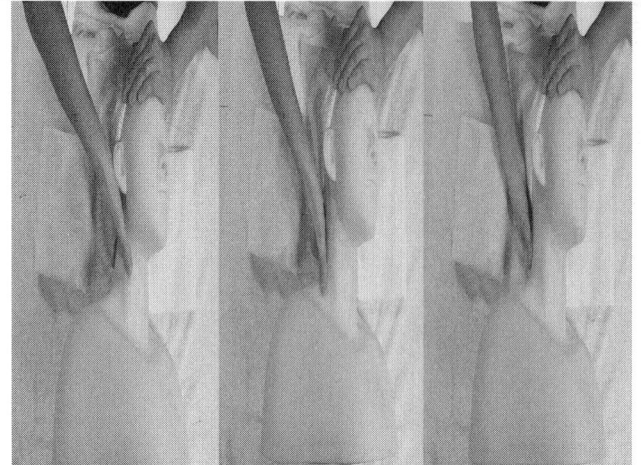

- 방법 및 주의사항
  -

순서 10 : 승모근 안쪽 견정 주위 모지로 안에서 밖으로 빼기 8번

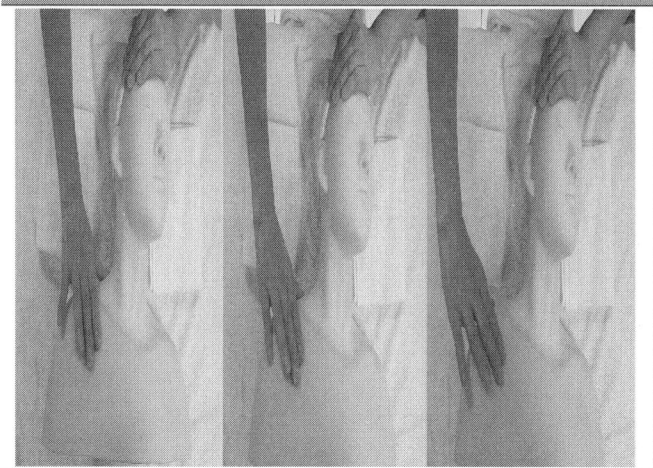

- 방법 및 주의사항
  -

순서 11 : 목의 삼각형 부위 전치를 크게 엄지로 8번 원그리기x2

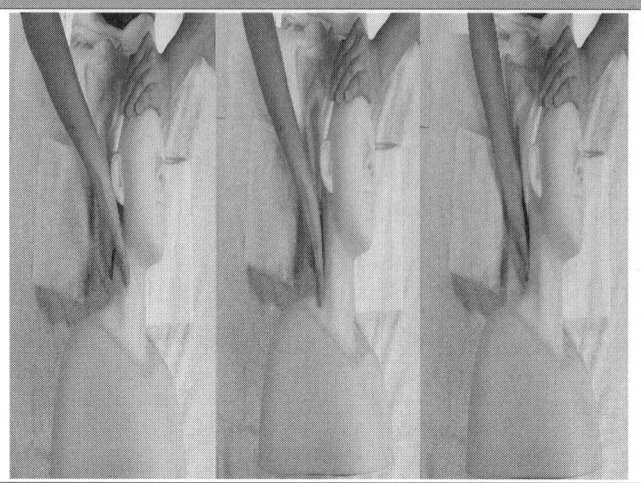

- 방법 및 주의사항
  -

순서 12 : 액와를 엄지 지문부위로(모지로) 빼기(위-아래, 액와쪽으로 빼기) 4번

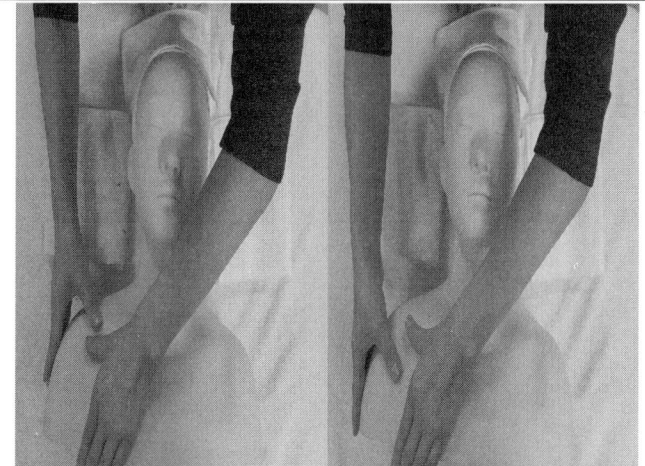

- 방법 및 주의사항
  -

▼

순서 12 : 액와를 엄지 지문부위로(모지로) 빼기(위-아래, 액와쪽으로 빼기) 4번

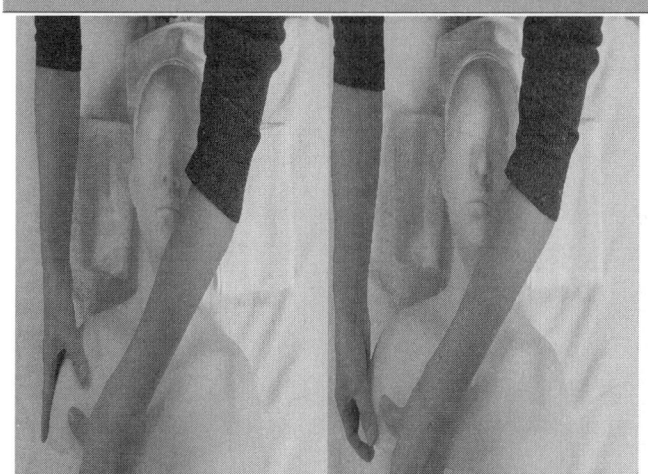

- 방법 및 주의사항
  -

▼

- 방법 및 주의사항
  -

▼

2. 얼굴스톤테라피(Ⅱ)

2) 온스톤관리하기

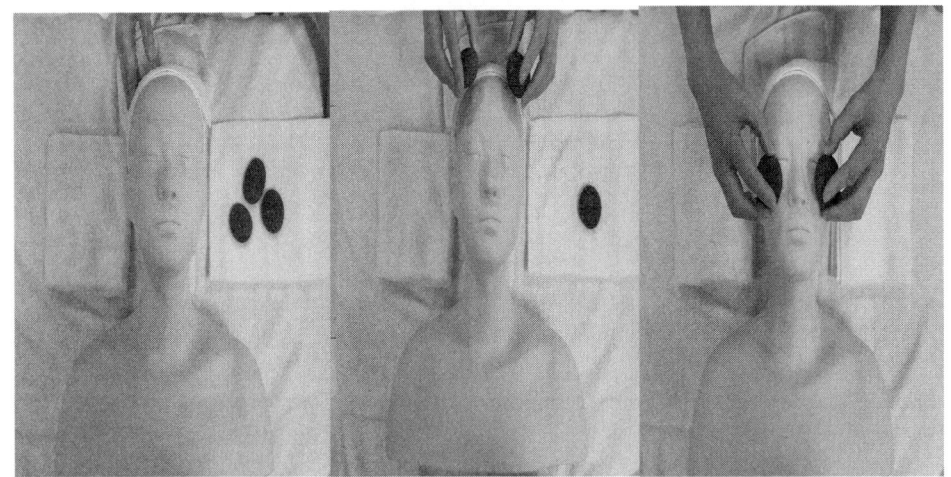

얼굴 스톤 관리하기 (온스톤)

준비사항

○ 준비물 : 얼굴용 스톤 6개, 온습포 1개, 건포 1개, 마사지크림(오일)
○ 적용피부 : 모든 피부
○ 주의사항 :

준비 : 왼쪽(온스톤 3개), 오른쪽(냉스톤 3개)를 준비한다.

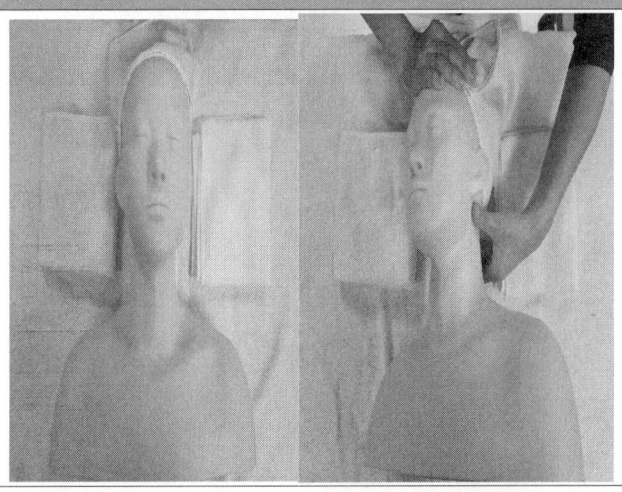

- **방법 및 주의사항**
  - 스톤워머와 냉장고에서 꺼내온 온스톤과 냉스톤의 온도를 유지하기 위해 타월을 이용하여 덮어둔다.
  - 스톤테라피를 위한 매뉴얼테크닉 적용 후,

▼

시술 방법 : 스톤테라피를 위한 매뉴얼테크닉 적용 후→ 온스톤→ 냉스톤→ 온냉스톤→ 마무리

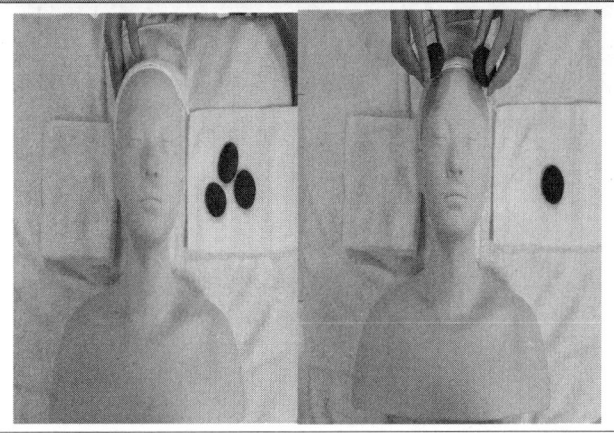

- **방법 및 주의사항**
  - **얼굴)스톤테라피 순서**
  ① 매뉴얼테크닉
  ② **온스톤**
  ③ 냉스톤
  ④ 온냉스톤

순서 8 : 콧등 좌/우 교대로 이마 끝까지 쓸어 올리기 (4번)

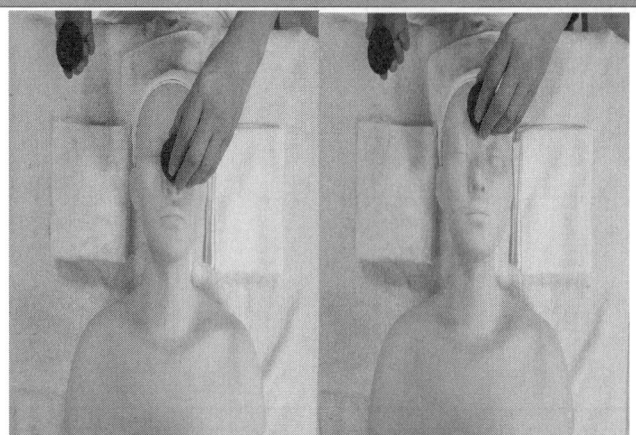

- 방법 및 주의사항
  - 양손에 온스톤을 쥐고 적용
  - 코끝에서 이마 끝까지 적용
  - 왼손 → 오른 손 교대로 적용

순서 8 : 콧등 좌/우 교대로 이마 끝까지 쓸어 올리기 (4번)

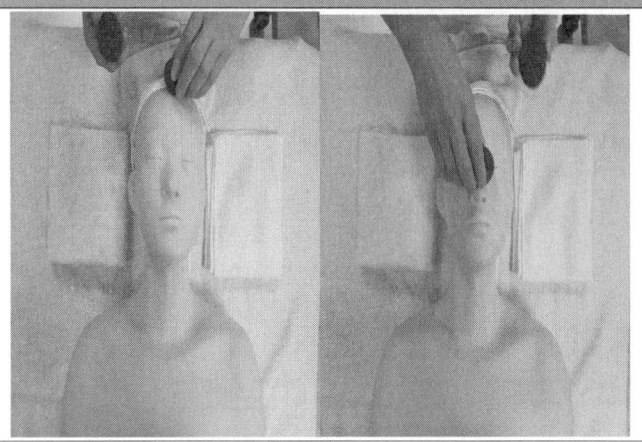

- 방법 및 주의사항
  - 오른손으로 이어서 같은 동작을 한다.

순서 8 : 콧등 좌/우 교대로 이마 끝까지 쓸어 올리기 (4번)

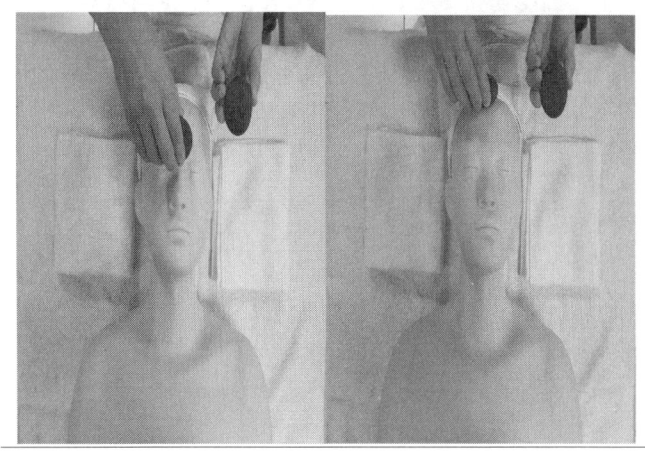

- 방법 및 주의사항
  - 오른손 동작) 이마 끝까지 올라간다.

순서 8 : 이마에서 관자까지 수영방향으로 8번 동글 후 그대로 터미누스로 (일자로) 빼기x2

- 방법 및 주의사항
  - 양손 동시에 적용

순서 8 : 이마에서 관자까지 수영방향으로 8번 동글 후 그대로 터미누스로 (일자로) 빼기x2

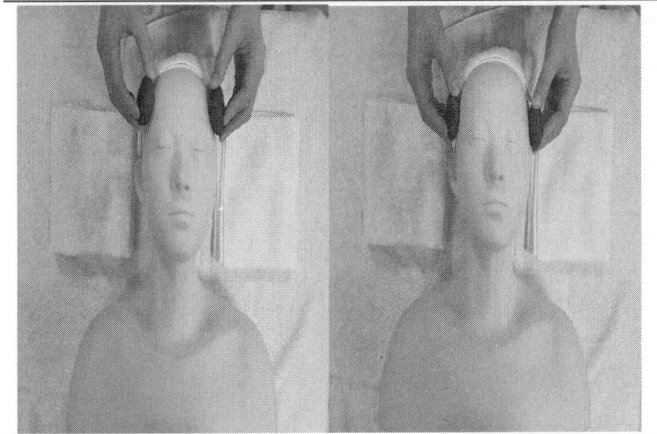

- 방법 및 주의사항
  - 관자에서 터미누스까지 빼주기(2번)

순서 8 : 이마에서 관자까지 수영방향으로 8번 동글 후 그대로 터미누스로 (일자로) 빼기x2

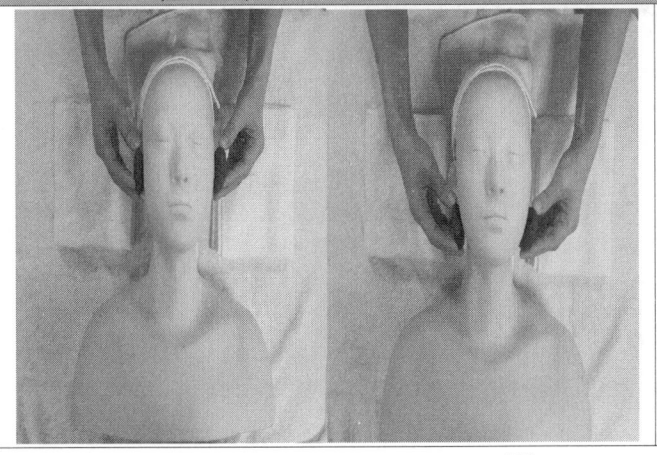

- 방법 및 주의사항
  - 관자에서 터미누스까지 빼주기(2번)

순서 8 : 이마에서 관자까지 수영방향으로 8번 동글 후 그대로 터미누스로 (일자로) 빼기x2

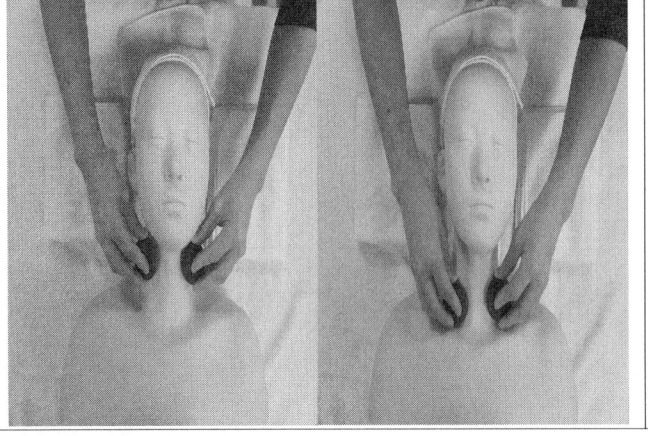

- 방법 및 주의사항

  ◆ 관자에서 터미누스까지 빼 주기(2번)

▼

순서 8 : 이마에서 관자까지 수영방향으로 8번 동글 후 그대로 터미누스로 (일자로) 빼기x2

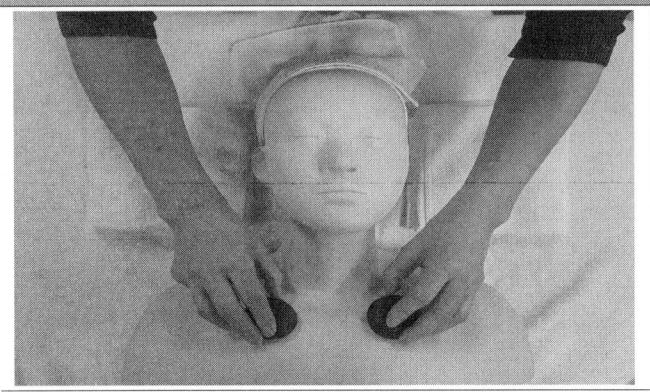

- 방법 및 주의사항

  ◆ 관자에서 터미누스까지 빼 주기(2번)

▼

순서 9 : 눈썹에서 관자까지 수영방향으로 8번 동글 후 그대로 터미누스 빼기x2

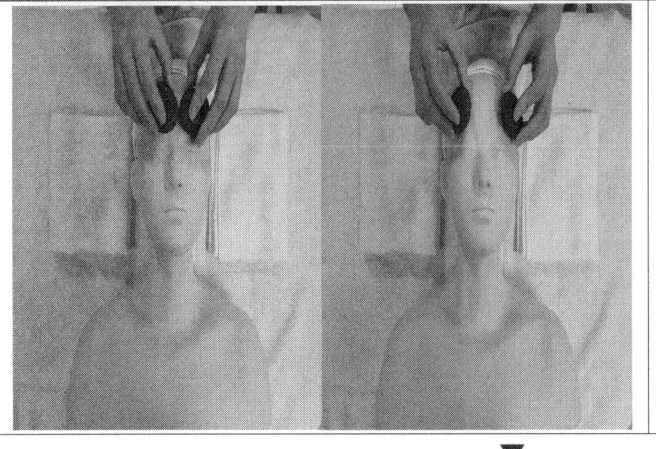

- 방법 및 주의사항

  ① 눈썹부위 :

  눈썹앞에서 관자로 8번 원그리며 이동(2번)

▼

순서 9 : 눈썹에서 관자로 수영방향으로 8번 동글 후 그대로 터미누스로 빼기x2

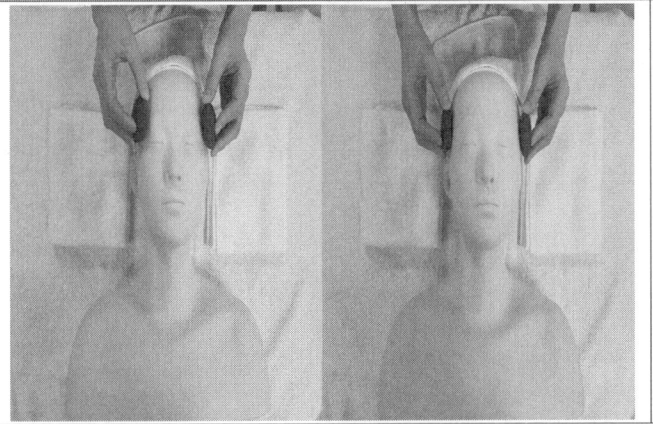

- 방법 및 주의사항

① 눈썹부위 :
  눈썹앞에서 관자로 8번 원그리며 이동(2번)

순서 9 : 눈썹에서 관자로 수영방향으로 8번 동글 후 그대로 터미누스로 빼기x2

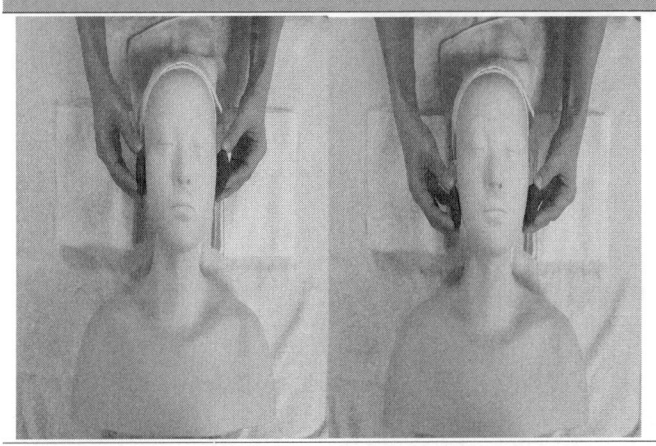

- 방법 및 주의사항

② 관자에서 터미누스까지 얼굴 옆면을 타고 내려가며 빼주기(2번)

순서 9 : 눈썹에서 관자로 수영방향으로 8번 동글 후 그대로 터미누스로 빼기x2

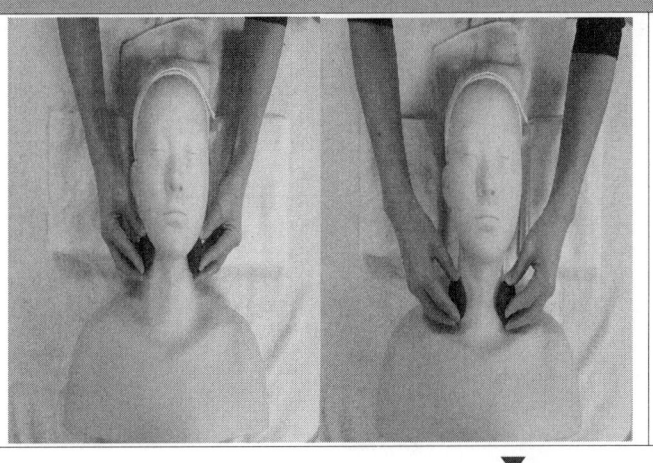

- 방법 및 주의사항

② 관자에서 터미누스까지 얼굴 옆면을 타고 내려가며 빼주기(2번)

순서 9 : 눈썹에서 관자로 수영방향으로 8번 동글 후 그대로 터미누스로 빼기x2	
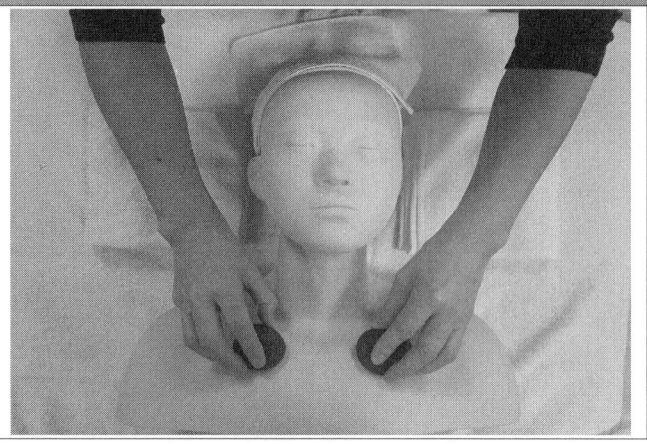	**• 방법 및 주의사항** ② 관자에서 터미누스까지 얼굴 옆면을 타고 내려가며 빼주기(2번)

▼

순서 10 : 코벽타고 올라와 미간에서 눕혀 이마끝까지 쓸어 올리기 (x자로) 좌/우 교대로 (4번)	
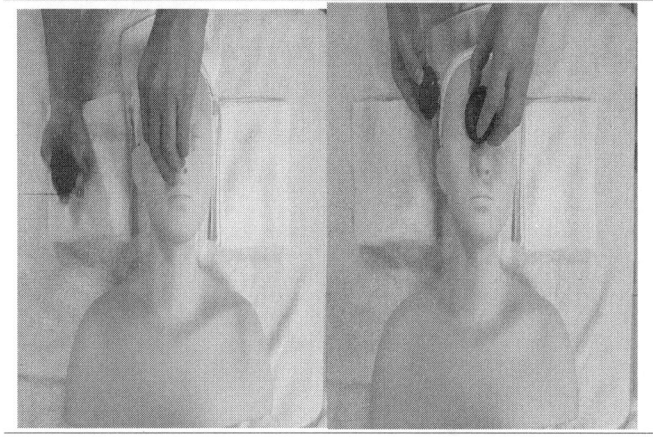	**• 방법 및 주의사항** ♦ ① 코벽타고 이마끝까지 올려주기) 양손 교대로 왼손→오른손(4번)

▼

순서 10 : 코벽타고 올라와 미간에서 눕혀 이마끝까지 쓸어 올리기 (x자로) 좌/우 교대로 (4번)	
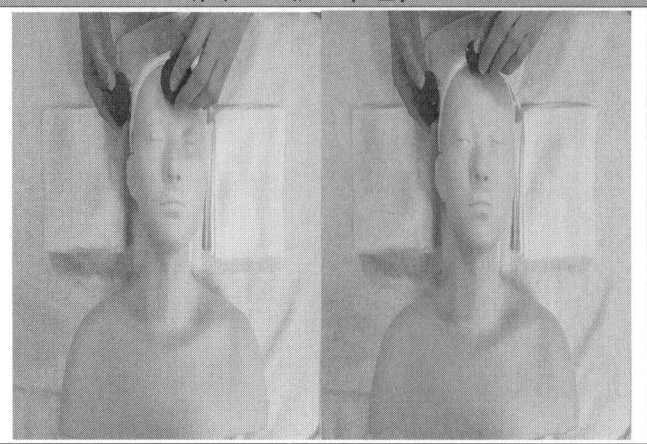	**• 방법 및 주의사항** ♦ ① 코벽타고 이마끝까지 올려주기) 양손 교대로 왼손→오른손(4번)

▼

순서 10 : 코벽타고 올라와 미간에서 눕혀 이마끝까지 쓸어 올리기 (x자로) 좌/우 교대로 (4번)

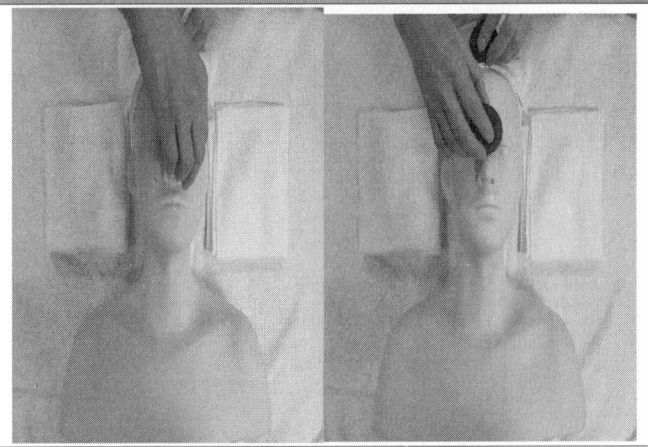

- 방법 및 주의사항
  - ① 코벽타고 이마끝까지 올려주기) 양손 교대로 왼손→오른손(4번)

▼

순서 10 : 코벽타고 올라와 미간에서 눕혀 이마끝까지 쓸어 올리기 (x자로) 좌/우 교대로 (4번)

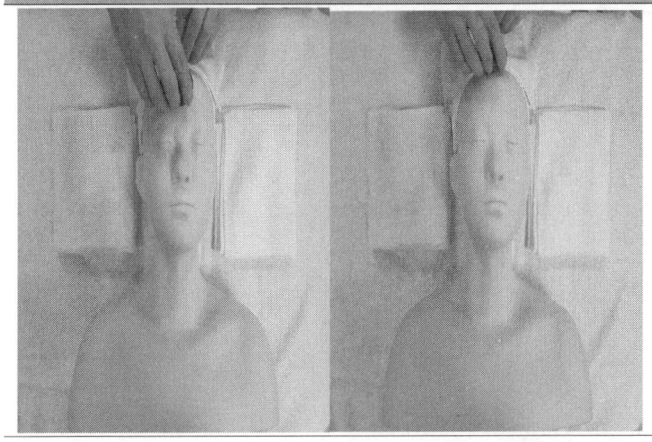

- 방법 및 주의사항
  - ① 코벽타고 이마 끝까지 올려주기) 양손 교대로 왼손→오른손(4번)

▼

순서 10 : 눈 밑 윗볼에서 귀앞까지 수영방향으로 8번 동글 후 그대로 터미누스로 빼기 x2

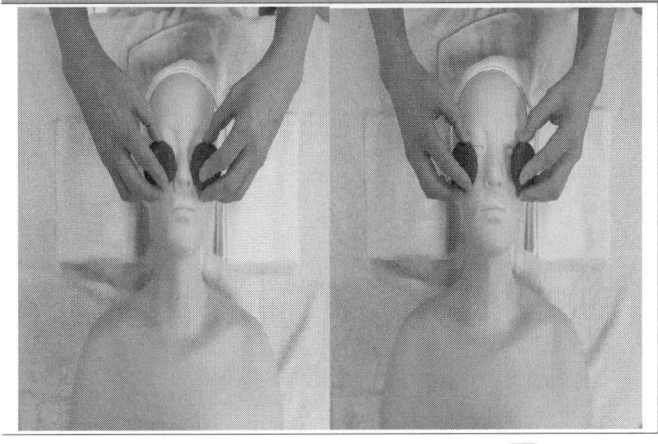

- 방법 및 주의사항
  - ② 눈 밑에서 관자로 8번 원그리기(2번)

▼

순서 10 : 눈 밑 윗볼에서 귀앞까지 수영방향으로 8번 동글 후 그대로 터미누스로 빼기 x2

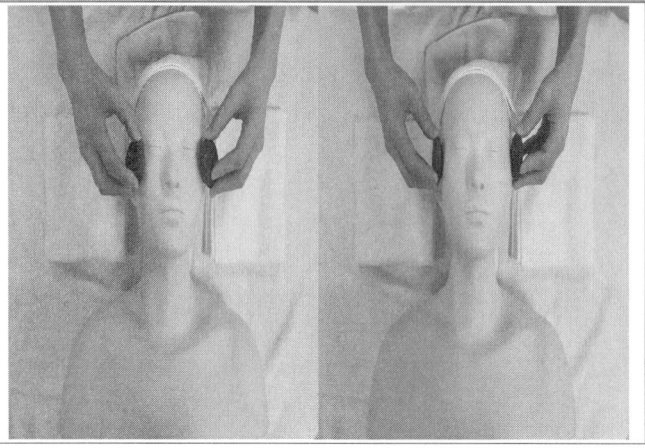

- 방법 및 주의사항
  - ◆

순서 10 : 눈 밑 윗볼에서 귀앞까지 수영방향으로 8번 동글 후 그대로 터미누스로 빼기 x2

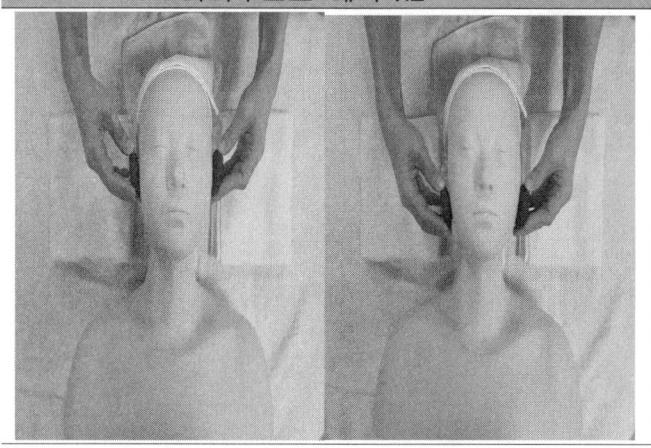

- 방법 및 주의사항
  - ◆ ③ 관자에서 터미누스까지 빼주기(2번)

순서 10 : 눈 밑 윗볼에서 귀앞까지 수영방향으로 8번 동글 후 그대로 터미누스로 빼기 x2

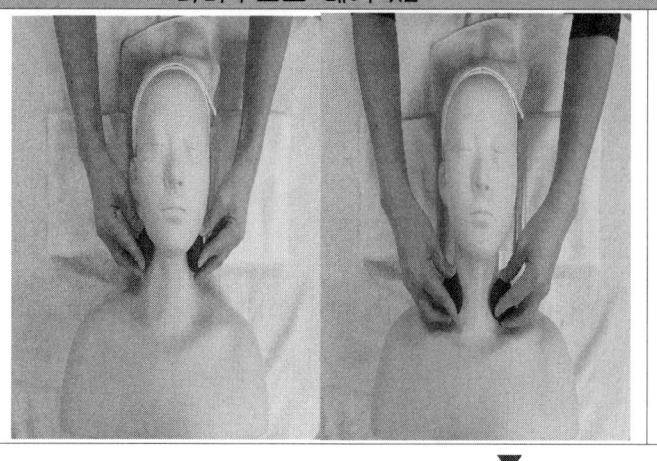

- 방법 및 주의사항
  - ③ 관자에서 터미누스까지 빼주기(2번)

순서 10 : 눈 밑 윗볼에서 귀앞까지 수영방향으로 8번 동글 후 그대로 터미누스로 빼기 x2

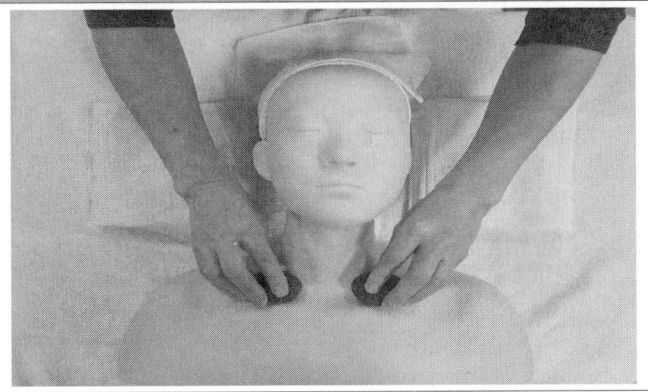

- 방법 및 주의사항
  - ③ 관자에서 터미누스까지 빼주기(2번)

▼

순서 11 : 인중 좌/우 교대로 (4번)

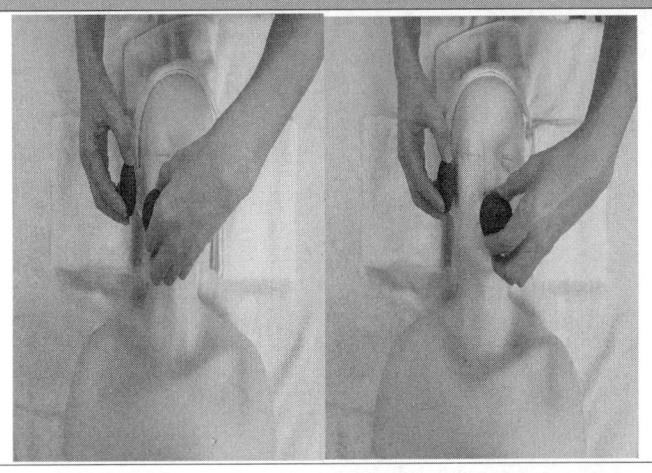

- 방법 및 주의사항
  - ① 인중 부위
    왼손→오른손 으로 좌우교대로 인중부위 쓸어오기(4번)
  - 왼손동작

▼

순서 11 : 인중 좌/우 교대로 (4번)

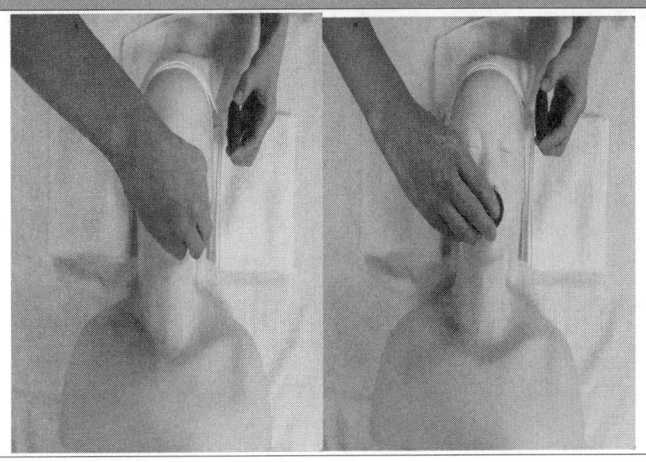

- 방법 및 주의사항
  - ① 인중 부위
    왼손→오른손 으로 좌우교대로 인중부위 쓸어오기(4번)
  - 오른손동작

▼

순서 11 : 인중 옆 아래볼에서 귀앞까지 수영방향으로 8번 동글 후 그대로 터미누스 빼기 x2

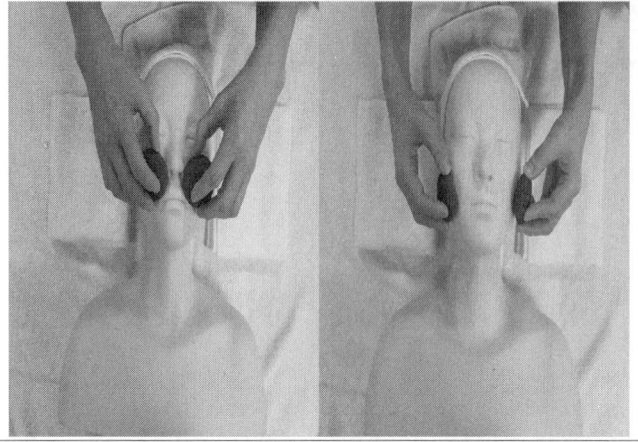

- 방법 및 주의사항
  - ② 인중 양 옆에서 귀앞까지 8번 원그리며 이동(2번)
  - ③ 귀앞에서 터미누스까지 빼주기(2번)

▼

순서 11 : 인중 옆 아래볼에서 귀앞까지 수영방향으로 8번 동글 후 그대로 터미누스 빼기 x2

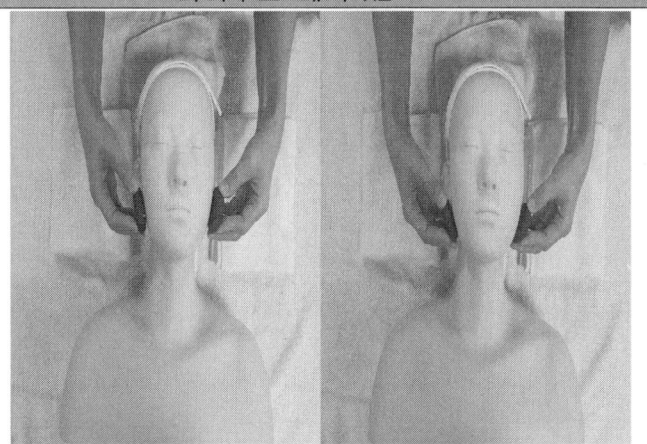

- 방법 및 주의사항
  - ② 인중 양 옆에서 귀앞까지 8번 원그리며 이동(2번)
  - ③ 귀앞에서 터미누스까지 빼주기(2번)

▼

순서 11 : 인중 옆 아래볼에서 귀앞까지 수영방향으로 8번 동글 후 그대로 터미누스 빼기 x2

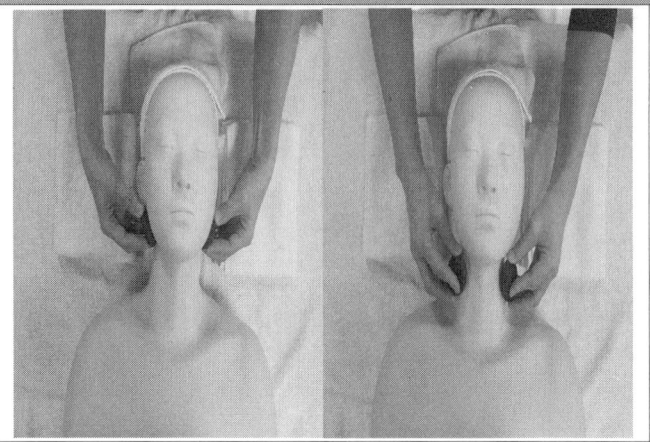

- 방법 및 주의사항
  - ② 인중 양 옆에서 귀앞까지 8번 원그리며 이동(2번)
  - ③ 귀앞에서 터미누스까지 빼주기(2번)

▼

순서 11 : 인중 옆 아래볼에서 귀앞까지 수영방향으로 8번 동글 후 그대로 터미누스 빼기 x2

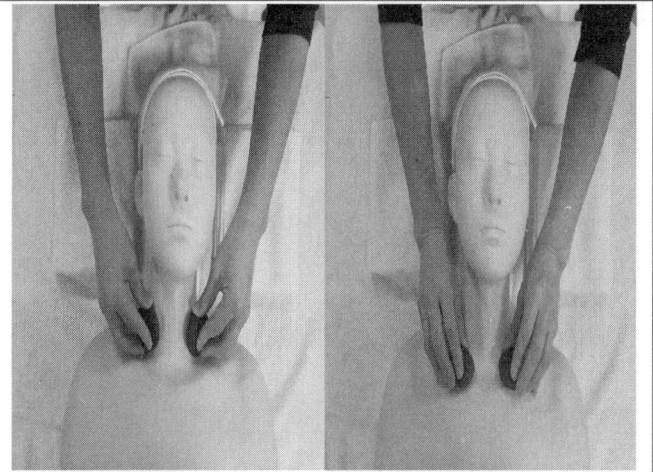

- 방법 및 주의사항
  - ② 인중 양 옆에서 귀앞까지 8번 원그리며 이동(2번)
  - ③ 귀앞에서 터미누스까지 빼주기(2번)

순서 12 : 턱 중앙 좌/우 교대로 번갈아 (4번)

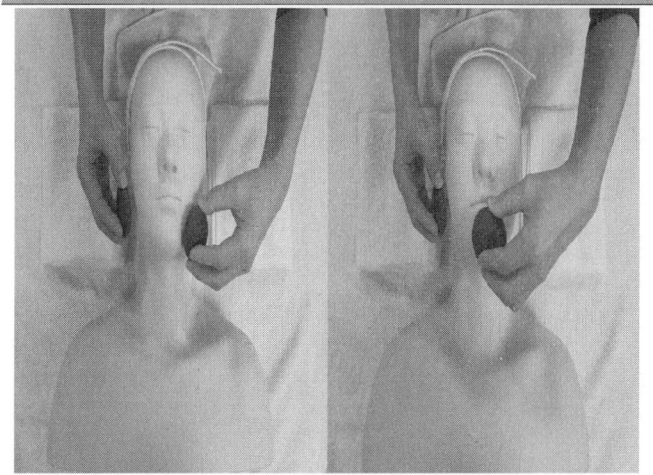

- 방법 및 주의사항
  - ① 턱부위
  - 왼손→오른손 으로 좌우교대로 인중부위 쓸어오기(4번)
  - 왼손동작

순서 12 : 턱 중앙 좌/우 교대로 번갈아 (4번)

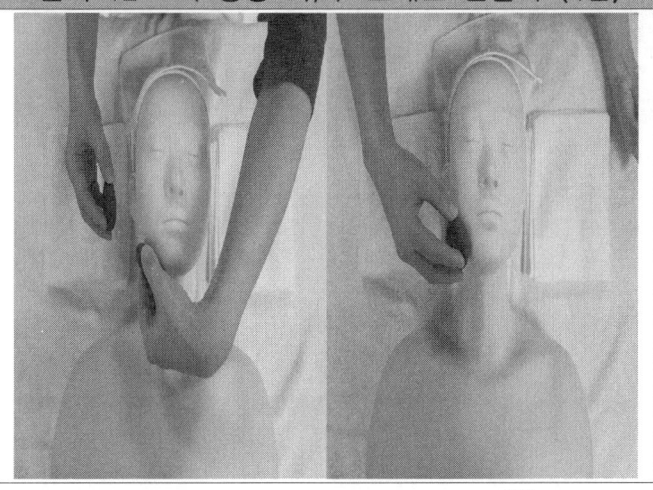

- 방법 및 주의사항
  - ① 턱부위
  - 왼손→오른손 으로 좌우교대로 인중부위 쓸어오기(4번)
  - 왼손→ 오른손

순서 12 : 턱 중앙 좌/우 교대로 번갈아 (4번)

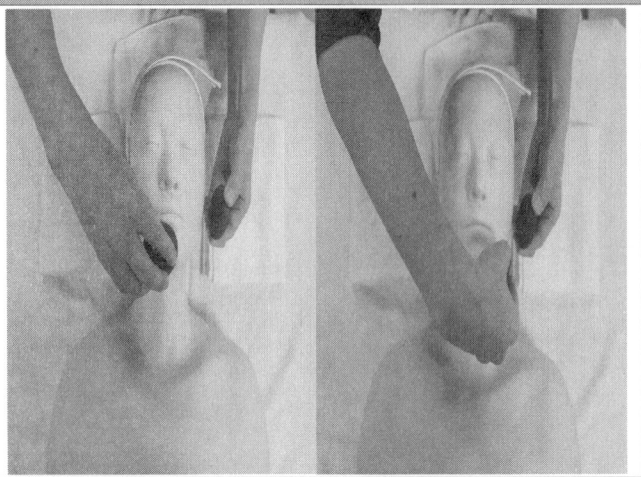

- 방법 및 주의사항
  - ① 턱부위
    왼손→오른손 으로 좌우교대로 인중부위 쓸어오기(4번)
  - 오른손동작

▼

순서 12 : 턱 중앙에서 턱선 끝까지 수영방향으로 8번 동글 후 그대로 터미누스로 빼기 x2

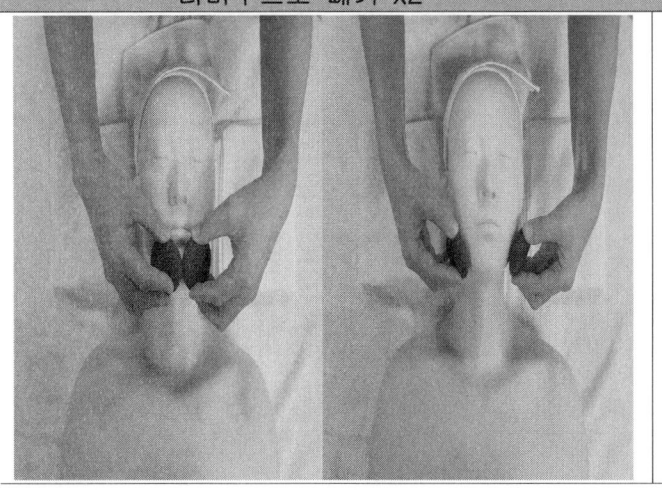

- 방법 및 주의사항
  - ② 턱 중앙에서 턱 선 끝까지 8번 원그리며 이동(2번)

▼

순서 12 : 턱 중앙에서 턱선 끝까지 수영방향으로 8번 동글 후 그대로 터미누스로 빼기 x2

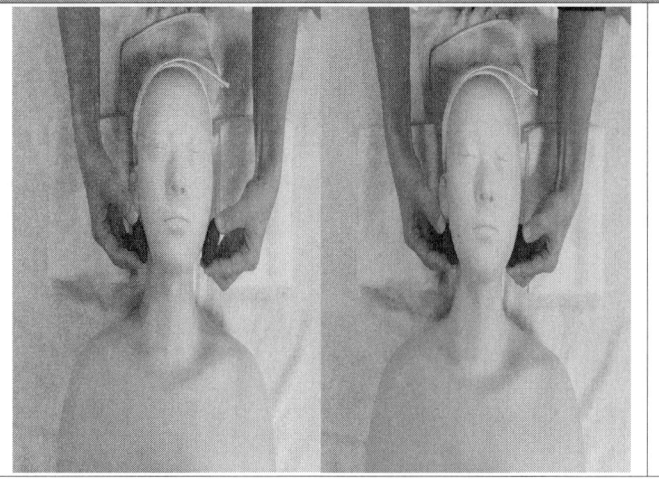

- 방법 및 주의사항

▼

순서 12 : 턱 중앙에서 턱선 끝까지 수영방향으로 8번 동글 후 그대로 터미누스로 빼기 x2

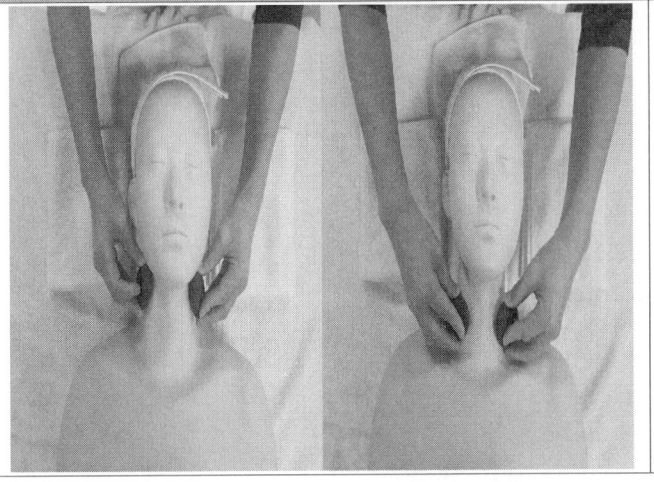

- 방법 및 주의사항
    - ③ 턱선 끝에서 터미누스까지 빼주기(2번)

▼

순서 12 : 턱 중앙에서 턱선 끝까지 수영방향으로 8번 동글 후 그대로 터미누스로 빼기 x2

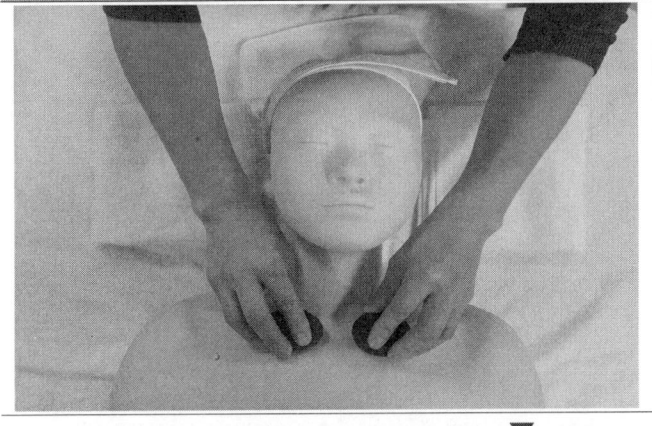

- 방법 및 주의사항
    - ③ 턱선 끝에서 터미누스까지 빼주기(2번)

▼

순서 13 : 왼쪽 목부터 위로 올리듯이 반씩 겹치면서 이동하기 (왕복 1번)

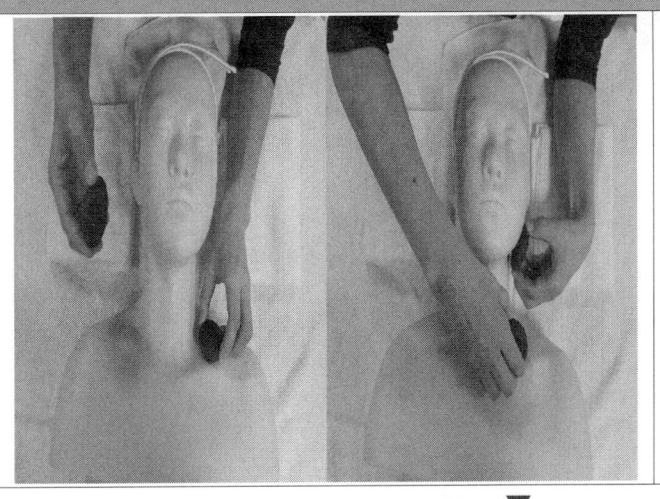

- 방법 및 주의사항
    - 왼쪽에서) 왼손→오른손 교대로 오른쪽으로 반씩 겹쳐가며 이동하며 적용

▼

순서 13 : 왼쪽 목부터 위로 올리듯이 반씩 겹치면서 이동하기 (왕복 1번)

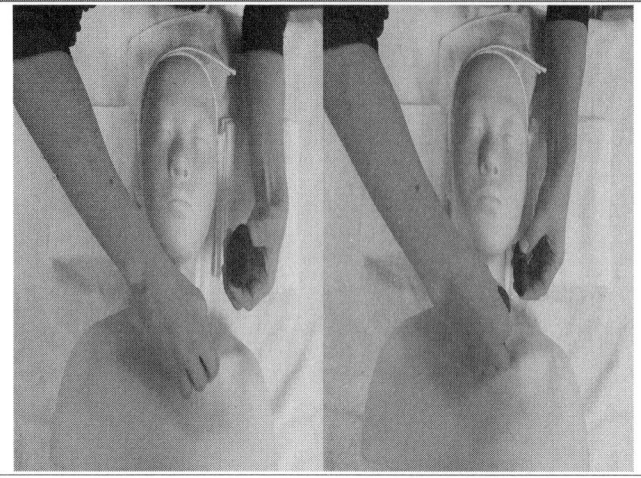

- 방법 및 주의사항
  - ◆

▼

순서 13 : 왼쪽 목부터 위로 올리듯이 반씩 겹치면서 이동하기 (왕복 1번)

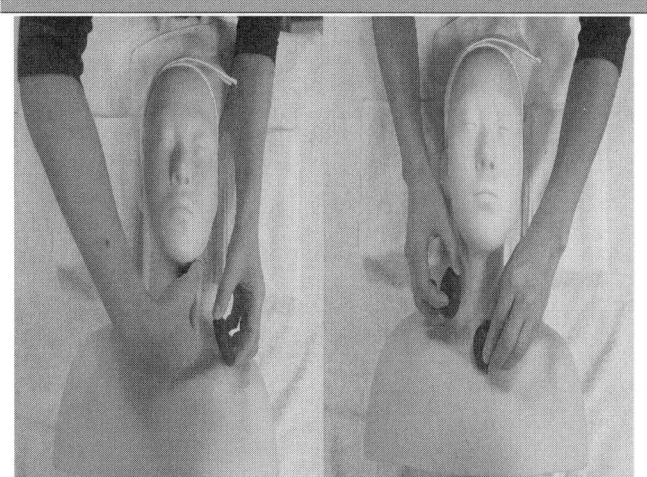

- 방법 및 주의사항
  - ◆

▼

순서 13 : 왼쪽 목부터 위로 올리듯이 반씩 겹치면서 이동하기 (왕복 1번)

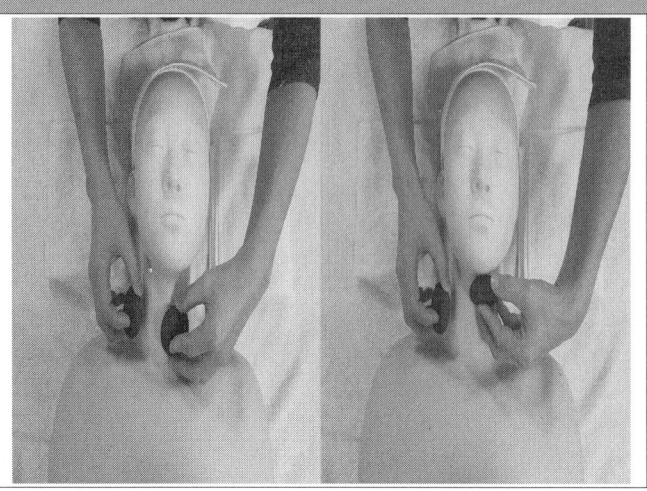

- 방법 및 주의사항
  - ◆

▼

순서 13 : 왼쪽 목부터 위로 올리듯이 반씩 겹치면서 이동하기 (왕복 1번)

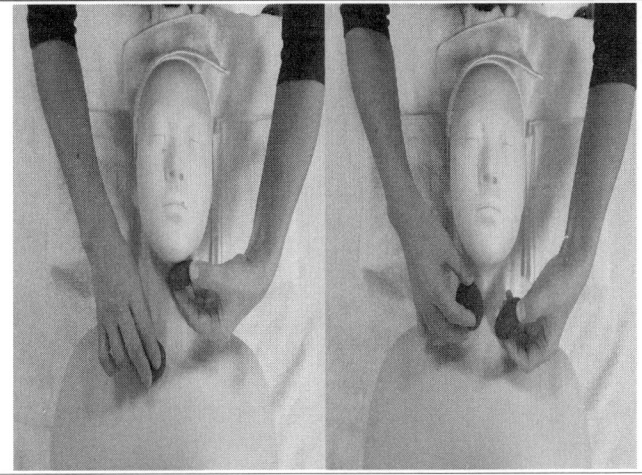

- 방법 및 주의사항
- ◆

▼

순서 13 : 왼쪽 목부터 위로 올리듯이 반씩 겹치면서 이동하기 (왕복 1번)

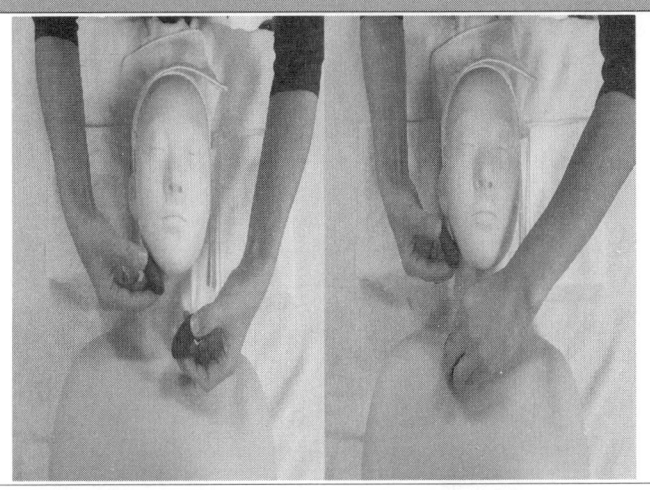

- 방법 및 주의사항
- ◆

▼

순서 13 : 왼쪽 목부터 위로 올리듯이 반씩 겹치면서 이동하기 (왕복 1번)

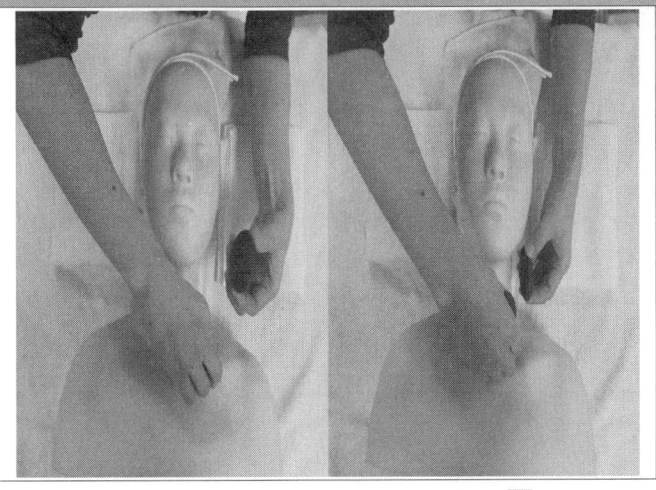

- 방법 및 주의사항
- ◆ 다시 제자리로 돌아오기(왼쪽에서 끝내기)

▼

| 순서 14 : 이중턱 가운데-프로펀더스(왼/오) 좌/우 번갈아 (4번) |

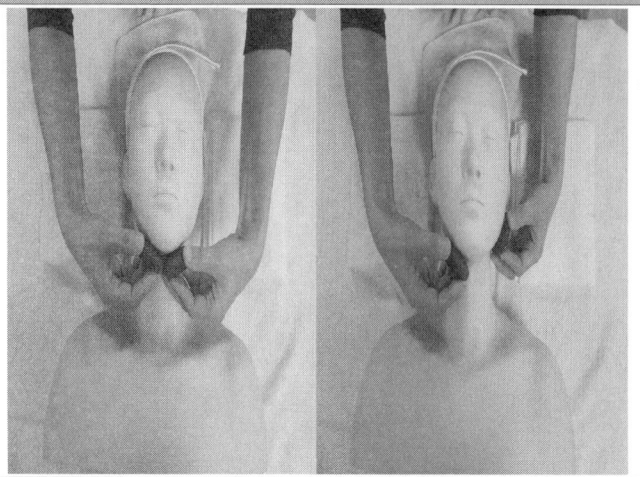

- 방법 및 주의사항
  - 왼손 → 오른손 교대로 번갈아 적용(4번)

| 순서 14 : 이중턱 가운데-프로펀더스(왼/오) 좌/우 번갈아 (4번) |

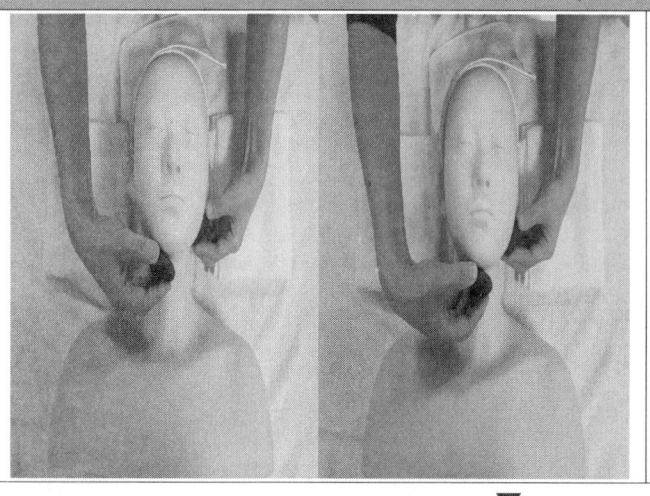

- 방법 및 주의사항
  - 왼손 → 오른손 교대로 번갈아 적용(4번)

| 순서 15 : 귀 뒤에 스톤을 대고 밑에서 위로 움직여가며 엄지로 가로로 펴듯이 스트레칭 x2 |

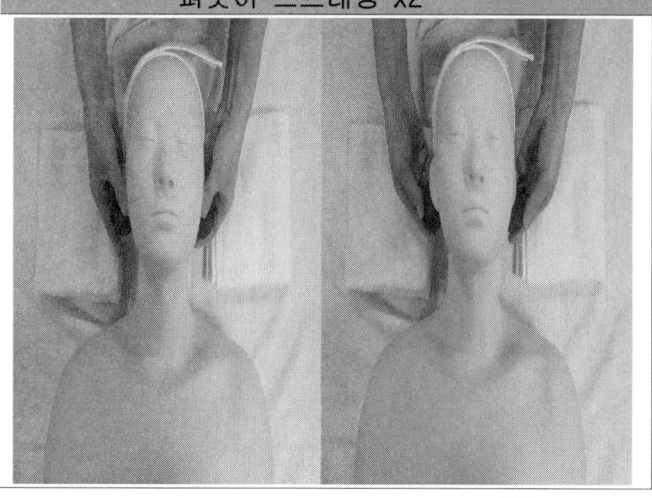

- 방법 및 주의사항
  - 귀 밑에서부터 스트레칭하며 귀 위로 이동하며 적용
  - 4단계로 적용

순서 15 : 귀 뒤에 스톤을 대고 밑에서 위로 움직여가며 엄지로 가로로
펴듯이 스트레칭 x2

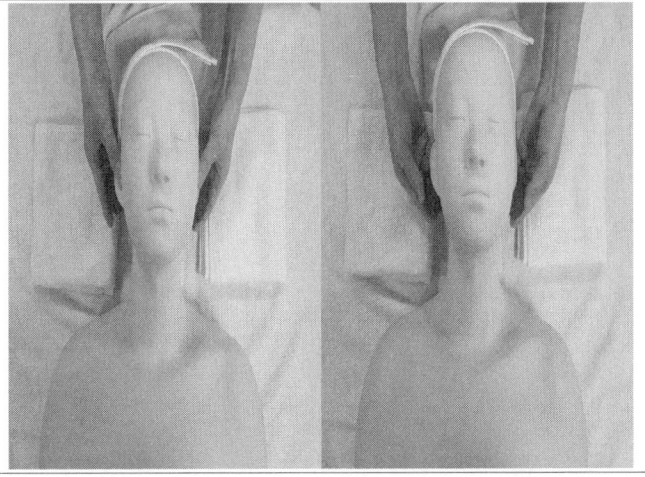

- 방법 및 주의사항
  - 4단계로 적용

▼

순서 15 : 귀 뒤에 스톤을 대고 밑에서 위로 움직여가며 엄지로 가로로
펴듯이 스트레칭 x2

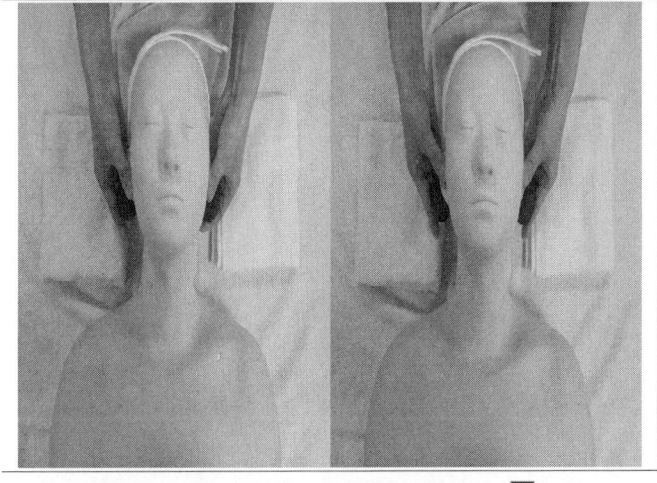

- 방법 및 주의사항
  - 4단계로 적용

▼

순서 15 : 귀 뒤에 스톤을 대고 밑에서 위로 움직여가며 엄지로 가로로
펴듯이 스트레칭 x2

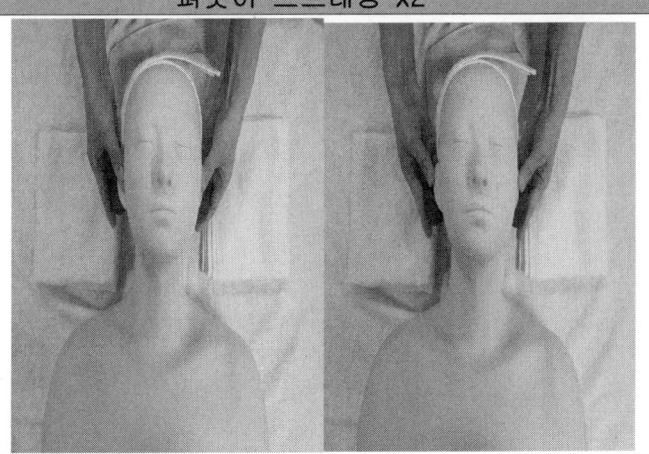

- 방법 및 주의사항
  - 4단계로 적용

▼

2. 얼굴스톤테라피(Ⅱ)

3) 냉스톤관리하기

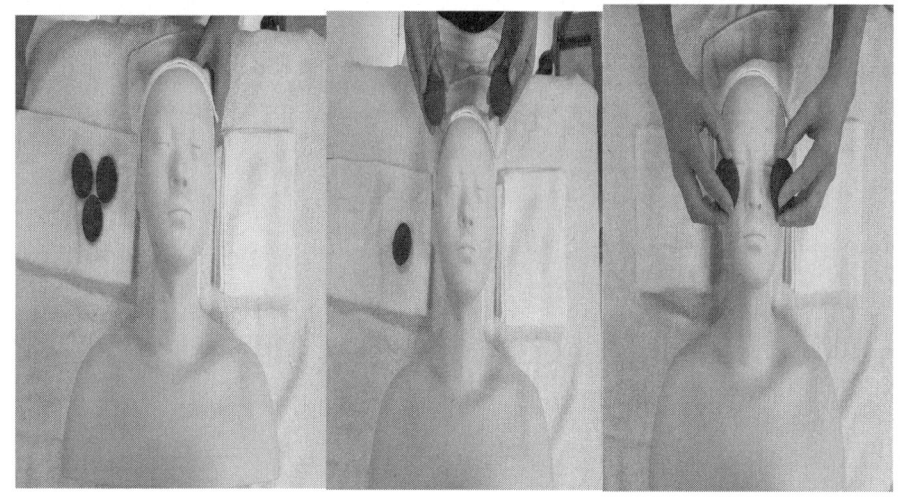

얼굴 스톤 관리하기 (냉스톤)

준비사항

○ 준비물 : 얼굴용 스톤 6개, 온습포 1개, 건포 1개, 마사지크림(오일)
○ 적용피부 : 모든 피부
○ 주의사항 :

준비 : 왼쪽(온스톤3개), 오른쪽(냉스톤3개)를 준비한 것 중 냉스톤 2개를 사용하여 관리하기	
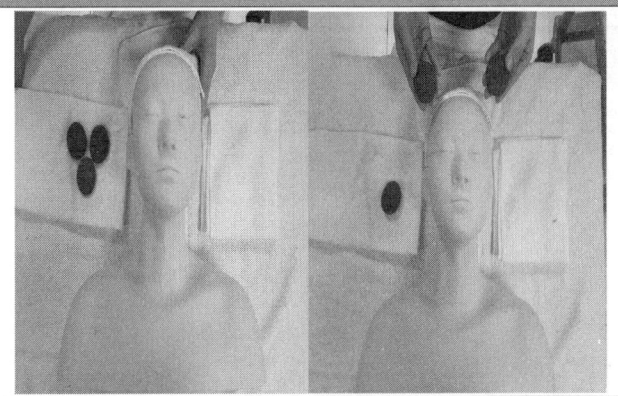	**• 방법 및 주의사항** ◆ 스톤워머와 냉장고에서 꺼내온 온스톤과 냉스톤의 온도를 유지하기 위해 타월을 이용하여 덮어둔다. ◆ 오른쪽(냉스톤) 2개 준비

▼

시술 방법 : 스톤테라피를 위한 매뉴얼테크닉 적용 후→ 온스톤→ 냉스톤→ 온냉스톤→ 마무리	
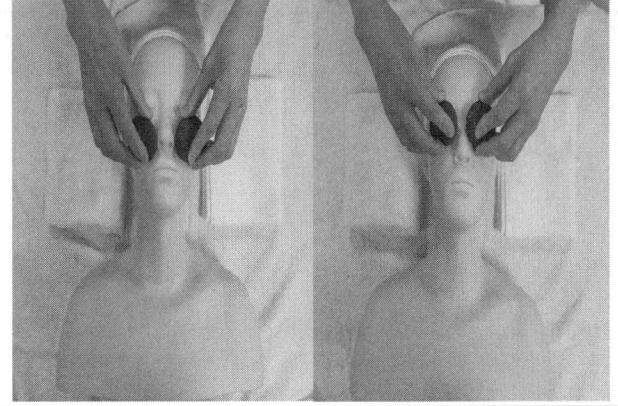	**• 방법 및 주의사항** ◆ **얼굴)스톤테라피 순서** ① 매뉴얼테크닉 ② 온스톤 ③ 냉스톤 ④ 온냉스톤

순서 16 : 팔자주름 내리듯이 양손 같이 (4번)

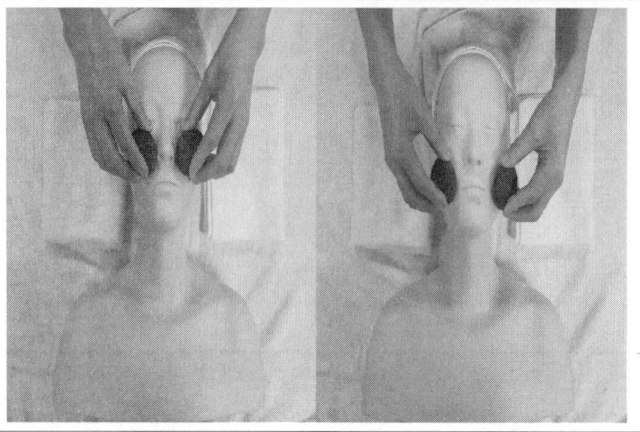

- 방법 및 주의사항
  - 입꼬리내림근

순서 16 : 팔자주름 내리듯이 양손 같이 (4번)

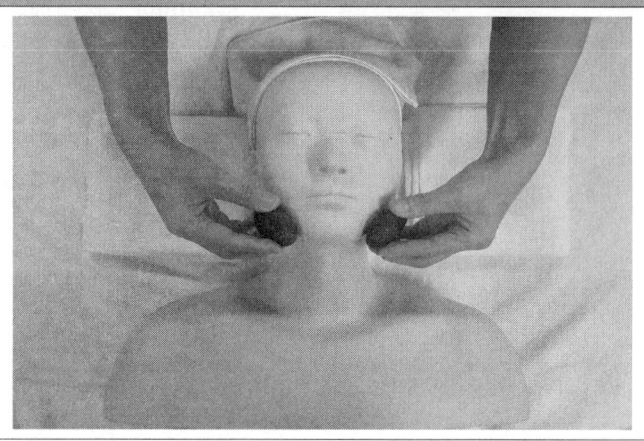

- 방법 및 주의사항
  - 입꼬리내림근

순서 17-1 : 턱 중앙 좌/우 교대로 번갈아 (4번)

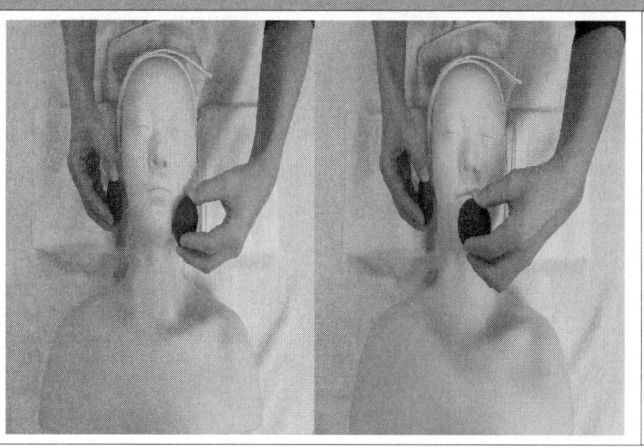

- 방법 및 주의사항
  - (얼굴부위는 온스톤과 반대로, 목과 이중턱은 온스톤과 동일하게 적용)
  - ① 턱부위

  왼손→오른손으로 좌우교대로 인중부위 쓸어오기(4번)

순서 17-1 : 턱 중앙 좌/우 교대로 번갈아 (4번)	
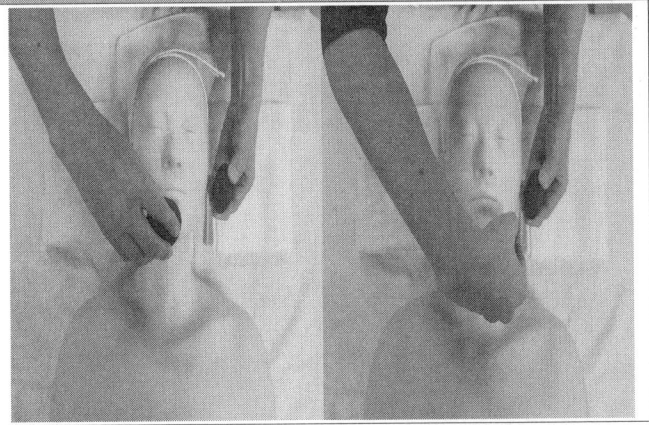	· 방법 및 주의사항 ◆ 오른손동작

▼

순서 17-1 : 턱 중앙에서 턱선 끝까지 수영방향으로 8번 동글 후 그대로 터미누스로 빼기 x2	
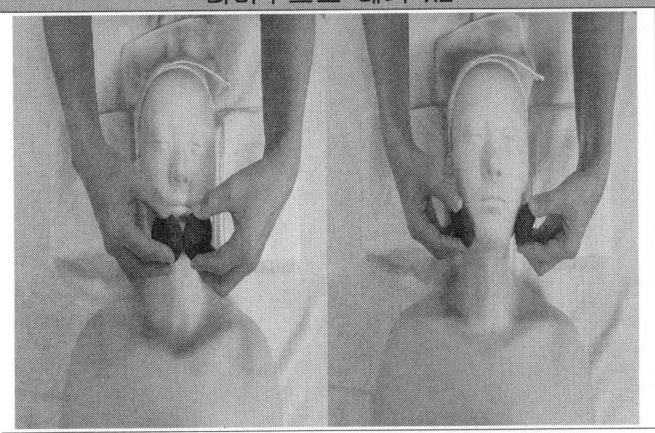	· 방법 및 주의사항 ◆ ② 턱 중앙에서 턱 선 끝까지 8번 원그리며 이동(2번)

▼

순서 17-1 : 턱 중앙에서 턱선 끝까지 수영방향으로 8번 동글 후 그대로 터미누스로 빼기 x2	
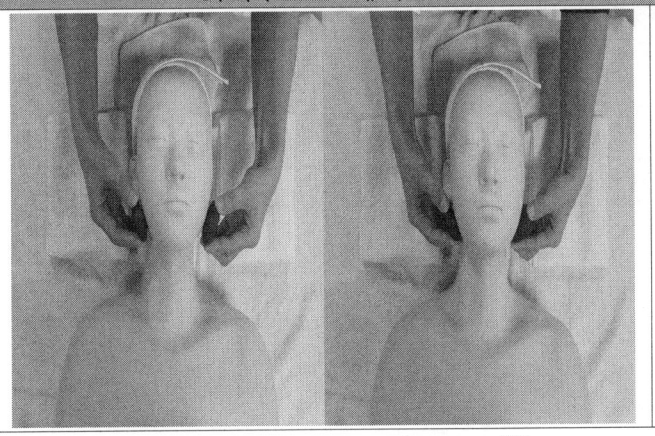	· 방법 및 주의사항 ◆ ③ 턱선 끝에서 터미누스까지 빼주기(2번)

▼

순서 17-1 : 턱 중앙에서 턱선 끝까지 수영방향으로 8번 동글 후 그대로 터미누스로 빼기 x2

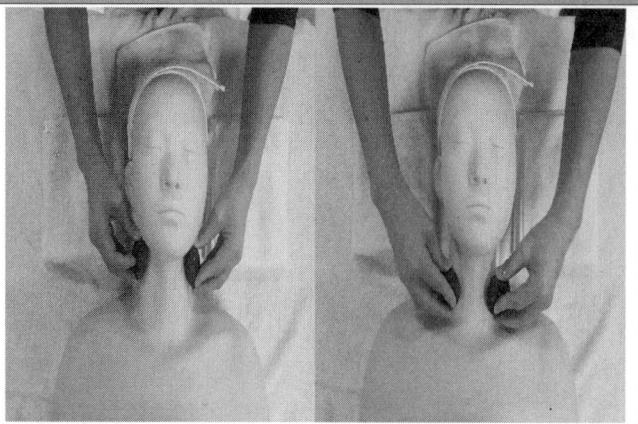

- **방법 및 주의사항**
  - ③ 턱선 끝에서 터미누스까지 빼주기(2번)

순서 17-1 : 턱 중앙에서 턱선 끝까지 수영방향으로 8번 동글 후 그대로 터미누스로 빼기 x2

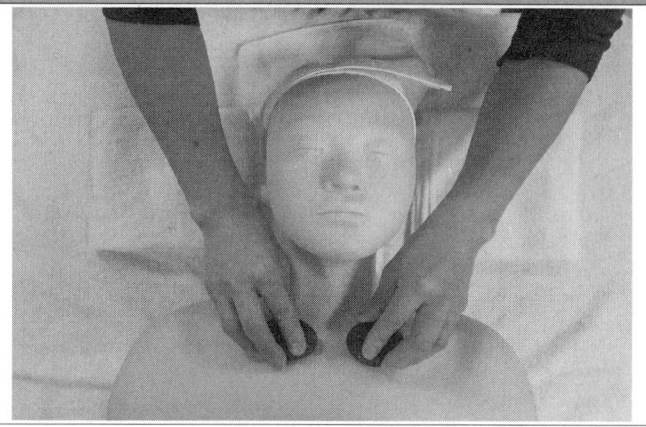

- **방법 및 주의사항**
  - ③ 터미누스까지 그대로 빼주기(2번)

순서 17-2 : 인중 좌/우 교대로 (4번)

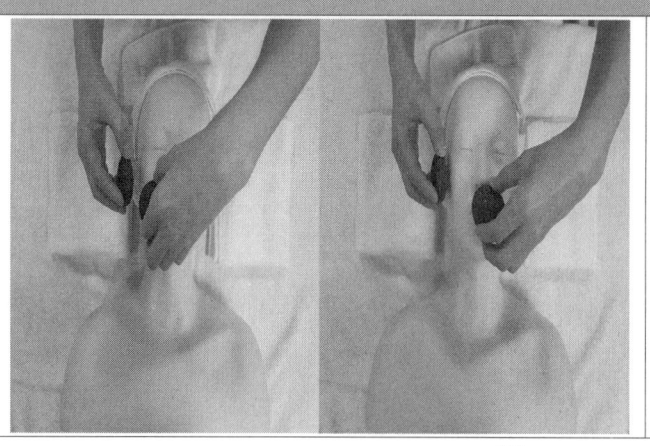

- **방법 및 주의사항**
  - ① 인중 부위

    왼손→오른손 으로 좌우교대로 인중부위 쓸어오기(4번)

순서 17-2 : 인중 옆 아래볼에서 귀앞까지 수영방향으로 8번 동글 후 그대로 터미누스 빼기 x2

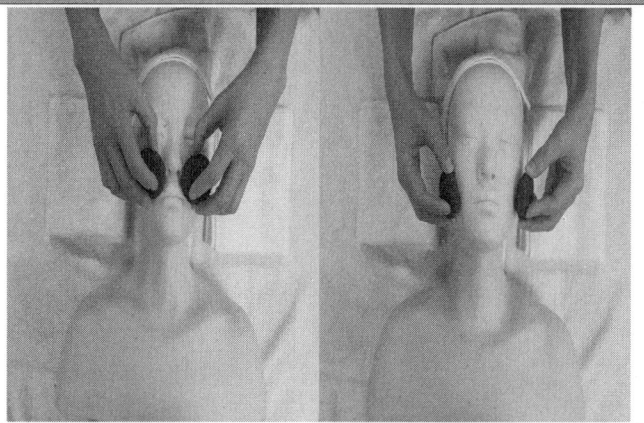

- 방법 및 주의사항
  - ② 턱 중앙에서 턱 선 끝까지 8번 원그리며 이동(2번)

순서 17-2 : 인중 옆 아래볼에서 귀앞까지 수영방향으로 8번 동글 후 그대로 터미누스 빼기 x2

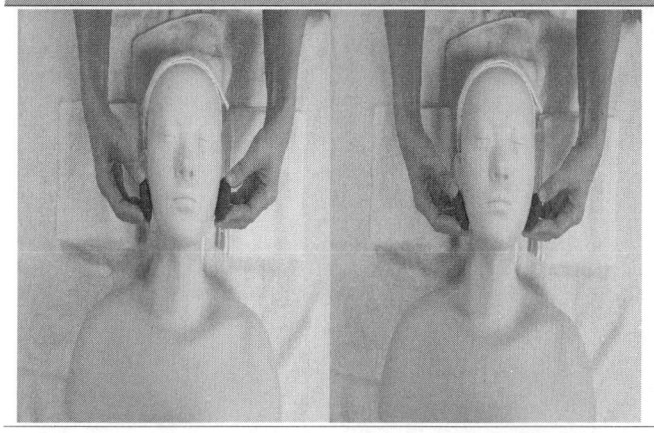

- 방법 및 주의사항
  - ③ 턱선 끝에서 터미누스까지 빼주기(2번)

순서 17-2 : 인중 옆 아래볼에서 귀앞까지 수영방향으로 8번 동글 후 그대로 터미누스 빼기 x2

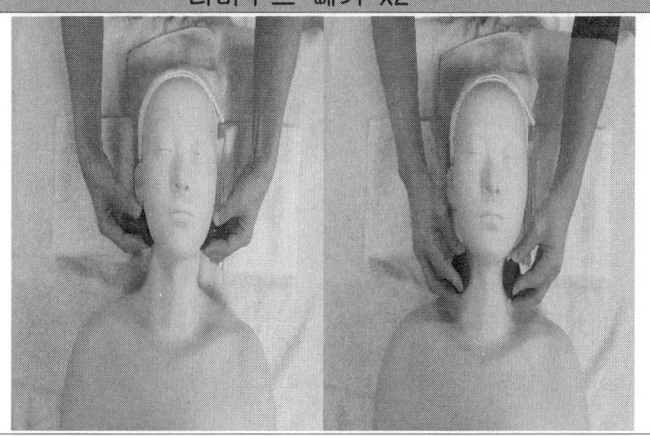

- 방법 및 주의사항
  - ③ 턱선 끝에서 터미누스까지 빼주기(2번)

순서 17-2 : 인중 옆 아래볼에서 귀앞까지 수영방향으로 8번 동글 후 그대로 터미누스 빼기 x2

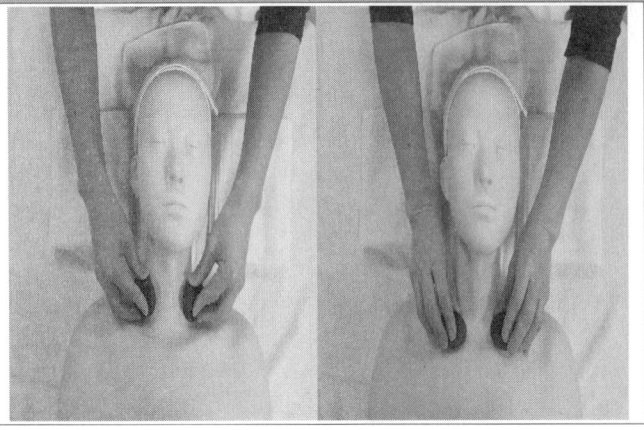

- 방법 및 주의사항

    - ③ 턱선 끝에서 옆목을 타고 내려오며 그대로 터미누스까지 빼주기(2번)

순서 17-3 : 코벽타고 올라와 미간에서 눕혀 이마끝까지 쓸어 올리기(x자로) 좌/우 교대로 (4번)

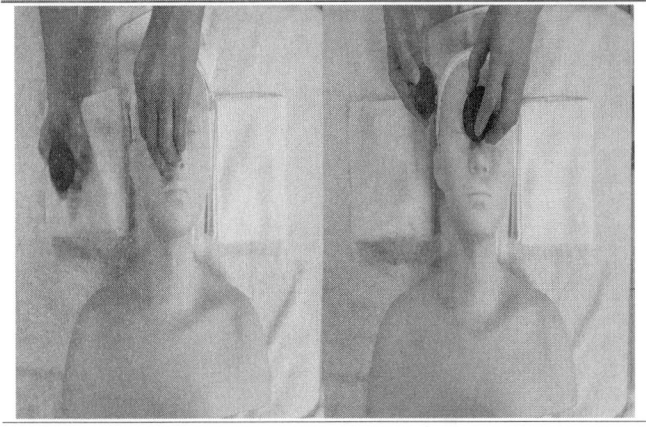

- 방법 및 주의사항

    - ① 코벽타고 이마끝까지 올려주기) 양손 교대로 왼손→오른손(4번)
    - 왼손동작

순서 17-3 : 코벽타고 올라와 미간에서 눕혀 이마끝까지 쓸어 올리기(x자로) 좌/우 교대로 (4번)

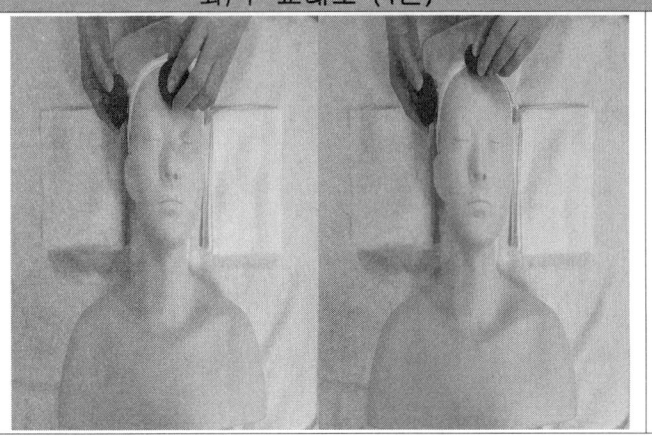

- 방법 및 주의사항

    - 왼손동작

순서 17-3 : 코벽타고 올라와 미간에서 눕혀 이마끝까지 쓸어 올리기(x자로) 좌/우 교대로 (4번)

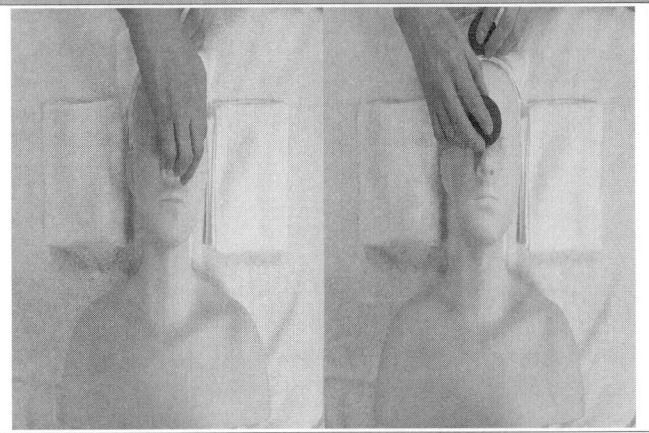

- 방법 및 주의사항
  - 오른손동작

순서 17-3 : 코벽타고 올라와 미간에서 눕혀 이마끝까지 쓸어 올리기(x자로) 좌/우 교대로 (4번)

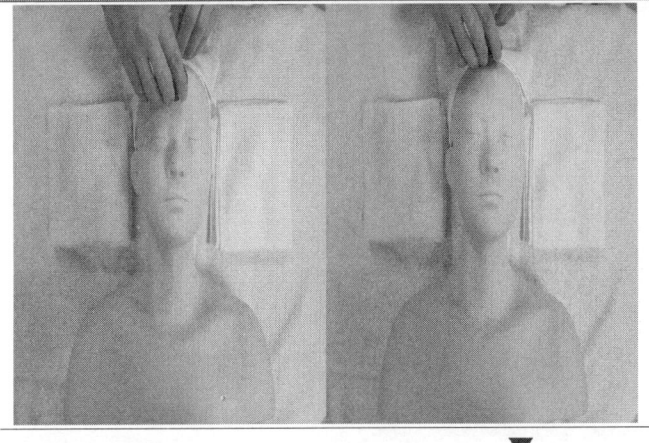

- 방법 및 주의사항
  - 오른손동작
  - 이마 끝까지 쓸어올리기

순서 17-3 : 눈 밑 윗볼에서 귀앞까지 수영방향으로 8번 동글 후 그대로 터미누스로 빼기 x2

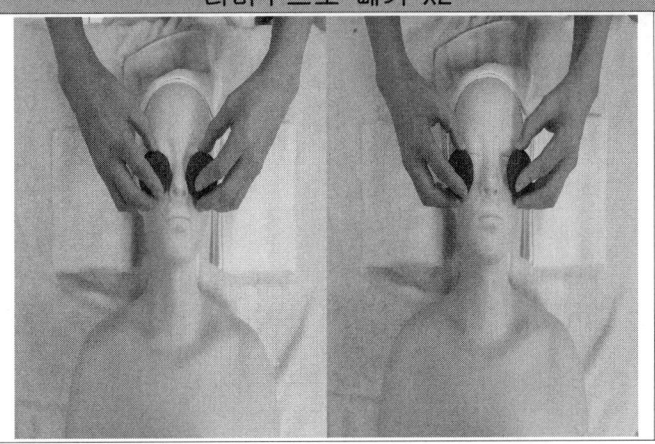

- 방법 및 주의사항
  - ② 눈 밑에서 관자까지 8번 원그리기(2번)

순서 17-3 : 눈 밑 윗볼에서 귀앞까지 수영방향으로 8번 동글 후 그대로 터미누스로 빼기 x2

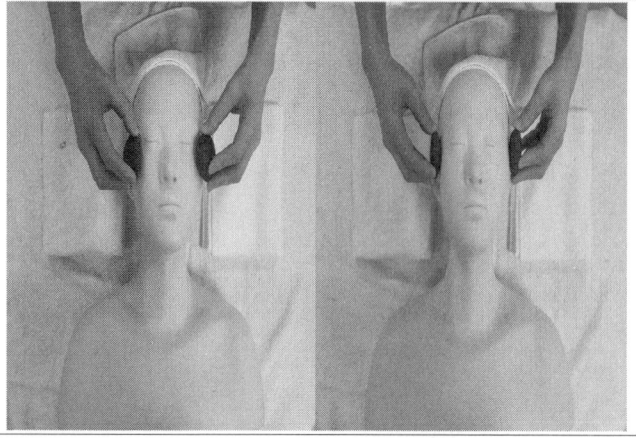

- 방법 및 주의사항
  - ② 눈 밑에서 관자까지 8번 원그리기(2번)

순서 17-3 : 눈 밑 윗볼에서 귀앞까지 수영방향으로 8번 동글 후 그대로 터미누스로 빼기 x2

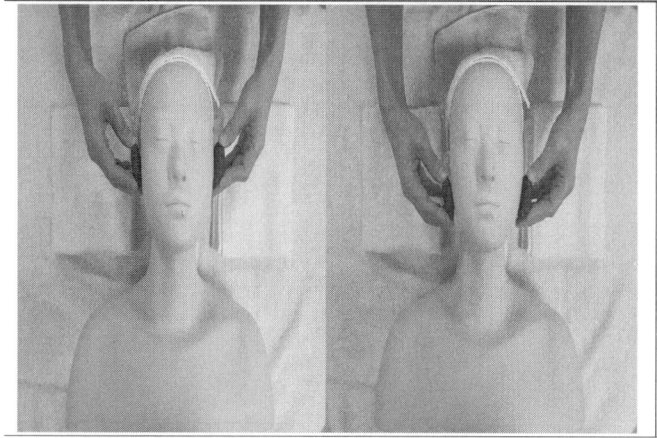

- 방법 및 주의사항
  - ③ 관자에서 얼굴 옆면을 타고 내려와 옆목을 지나 터미누스까지 그대로 빼주기(2번)

순서 17-3 : 눈 밑 윗볼에서 귀앞까지 수영방향으로 8번 동글 후 그대로 터미누스로 빼기 x2

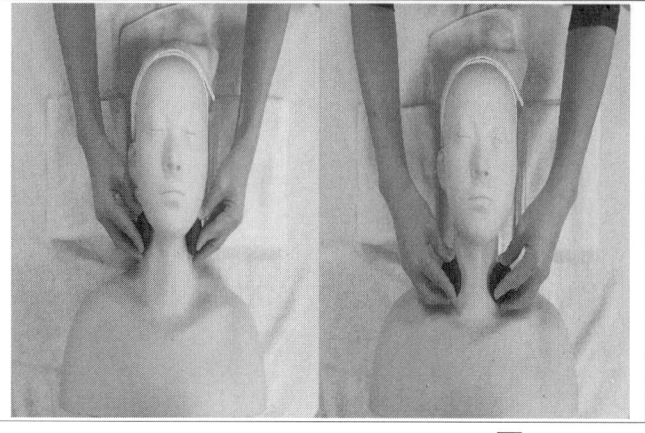

- 방법 및 주의사항
  - 옆목을 타고 내려오며 터미누스까지 그대로 빼주기

순서 17-3 : 눈 밑 윗볼에서 귀앞까지 수영방향으로 8번 동글 후 그대로 터미누스로 빼기 x2

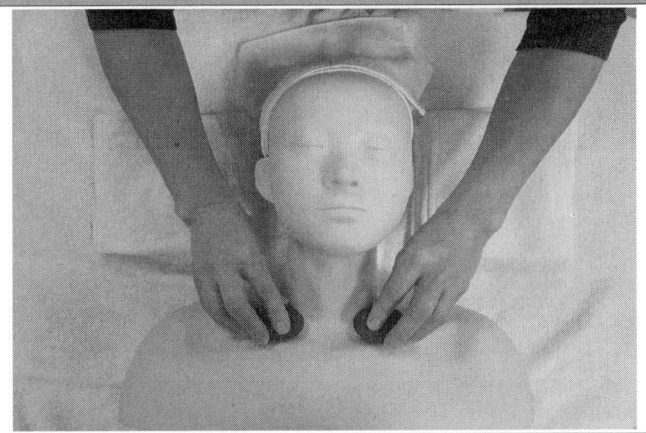

- 방법 및 주의사항

    ◆ 터미누스까지 그대로 빼주기

순서 17-4 : 눈썹에서 관자로 수영방향으로 8번 동글 후 그대로 터미누스로 빼기x2

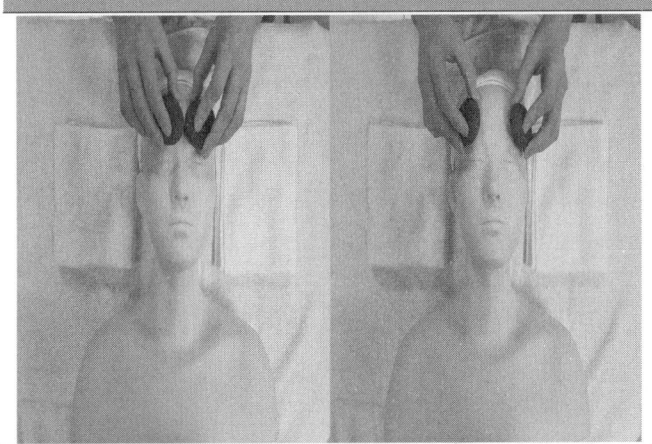

- 방법 및 주의사항

    ◆ ① 눈썹부위 :
    눈썹앞에서 관자로 8번 원그리며 이동(2번)

순서 17-4 : 눈썹에서 관자로 수영방향으로 8번 동글 후 그대로 터미누스로 빼기x2

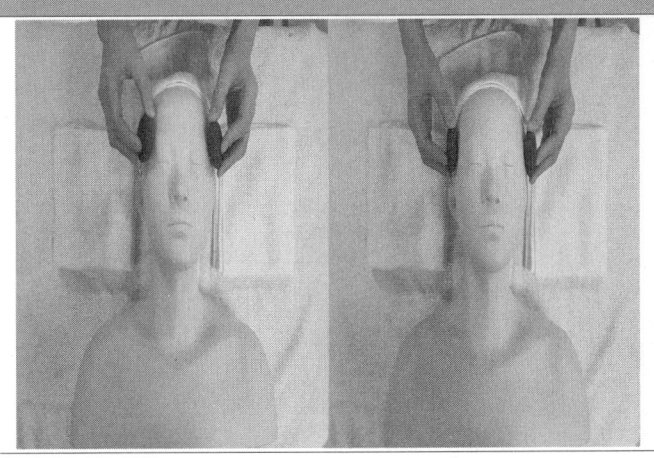

- 방법 및 주의사항

    ◆ 관자까지 8번 원그리며 이동하기

순서 17-4 : 눈썹에서 관자로 수영방향으로 8번 동글 후 그대로 터미누스로 빼기x2

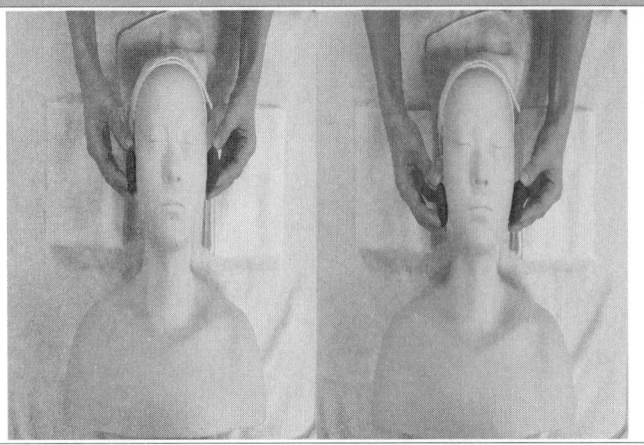

- 방법 및 주의사항
  - ② 관자에서 터미누스까지 빼주기(2번)

순서 17-4 : 눈썹에서 관자로 수영방향으로 8번 동글 후 그대로 터미누스로 빼기x2

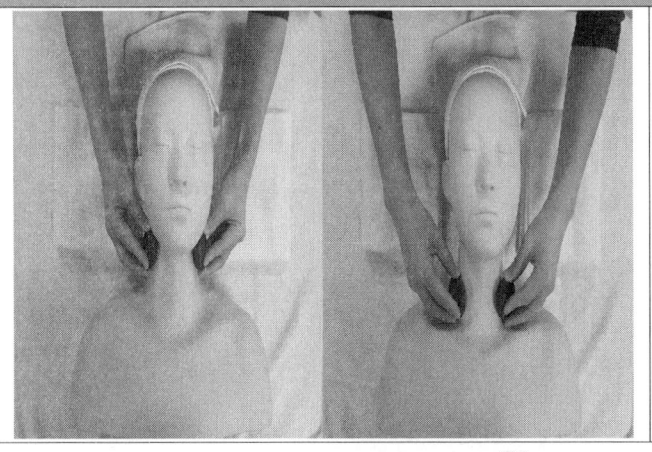

- 방법 및 주의사항
  - 옆목을 타고 내려오며 터미누스까지 그대로 이동하기

순서 17-4 : 눈 밑 윗볼에서 귀앞까지 수영방향으로 8번 동글 후 그대로 터미누스로 빼기 x2

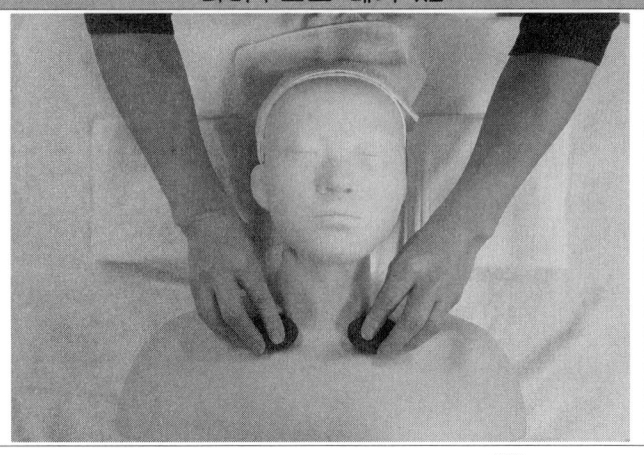

- 방법 및 주의사항
  - 터미누스까지 그대로 빼주기

순서 17-5 : 콧등 좌/우 교대로 이마 끝까지 쓸어 올리기 (4번)

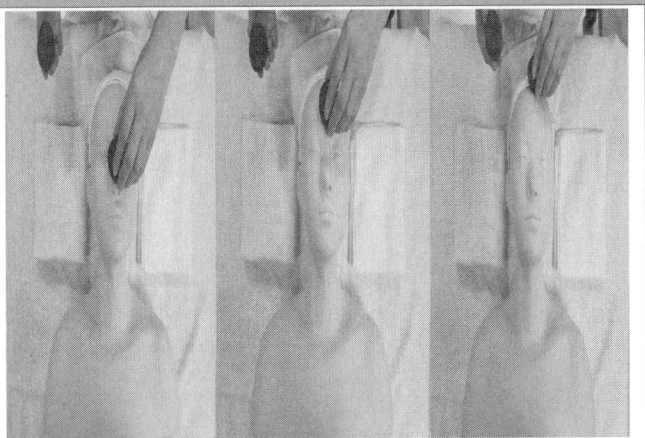

- 방법 및 주의사항
  - 왼손 먼저 시작한다.
  - 코끝에서 이마 끝까지 적용
  - 왼손 동작

순서 17-5 : 콧등 좌/우 교대로 이마 끝까지 쓸어 올리기 (4번)

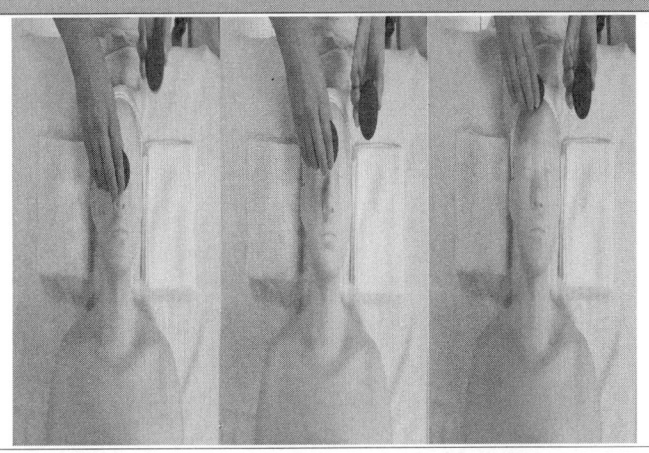

- 방법 및 주의사항
  - 코끝에서 이마 끝까지 적용
  - 오른손 동작

순서 17-5 : 이마에서 관자까지 수영방향으로 8번 동글 후 그대로 터미누스로 (일자로) 빼기x2

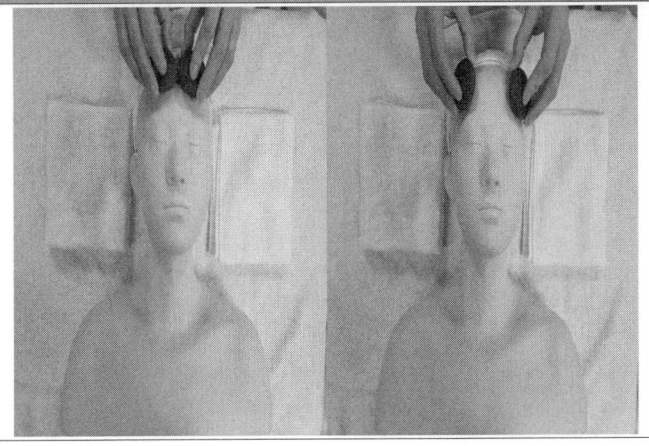

- 방법 및 주의사항
  - 양손 동시에 적용

순서 17-5 : 이마에서 관자까지 수영방향으로 8번 동글 후 그대로 터미누스로 (일자로) 빼기x2

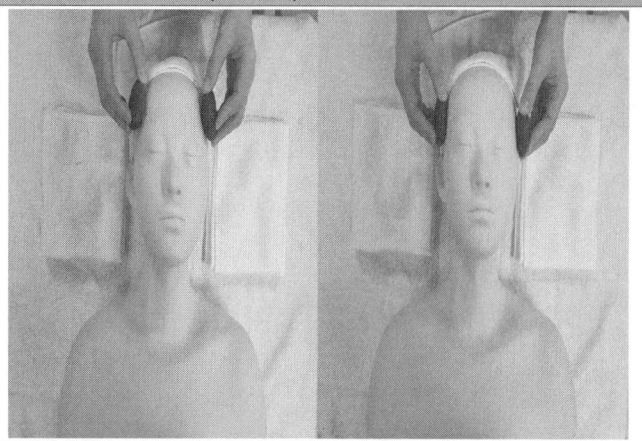

- 방법 및 주의사항
  - ◆ 이마 중앙에서 관자까지 8번 원그리며 이동

순서 17-5 : 이마에서 관자까지 수영방향으로 8번 동글 후 그대로 터미누스로 (일자로) 빼기x2

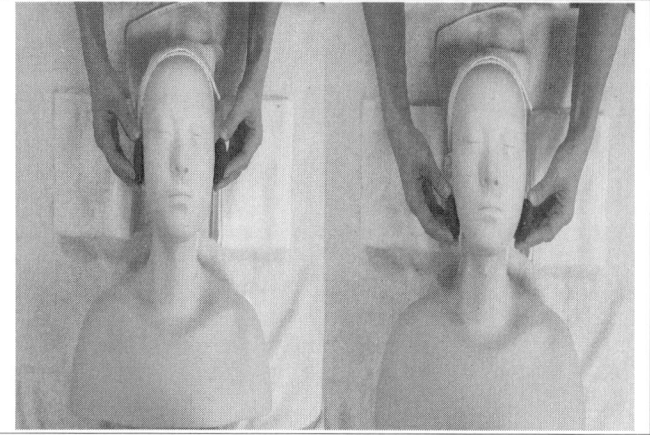

- 방법 및 주의사항
  - ◆ 과자에서 얼굴 옆면을 타고 목을 향해 내려가기

순서 17-5 : 이마에서 관자까지 수영방향으로 8번 동글 후 그대로 터미누스로 (일자로) 빼기x2

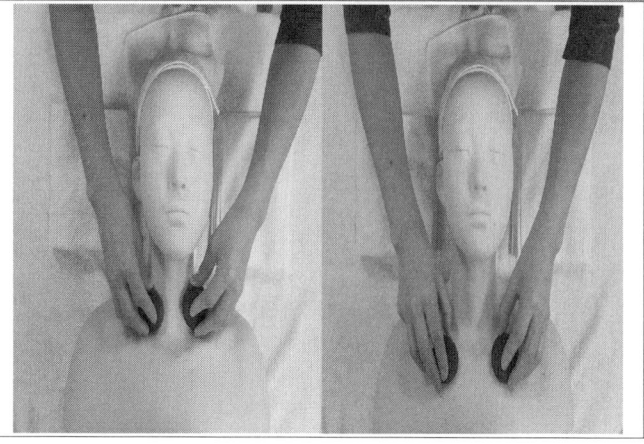

- 방법 및 주의사항
  - ◆ 목 옆면을 타고 내려오며 그대로 터미누스까지 빼주기

순서 17-6 : 왼쪽 목부터 위로 올리듯이 반씩 겹치면서 이동하기 (왕복 1번)

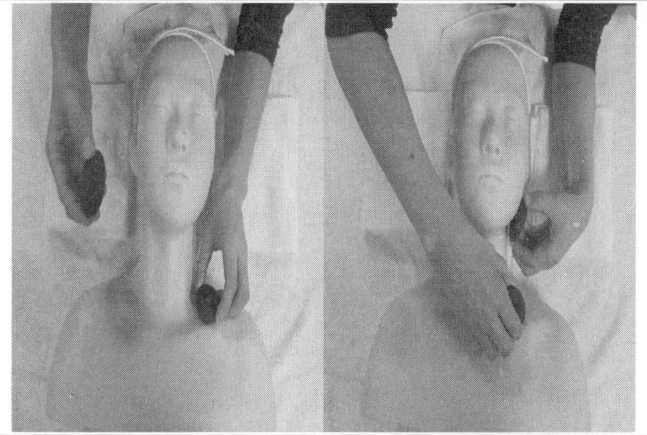

- 방법 및 주의사항
    - 목 왼쪽 목부터 오른쪽으로 위로 올리듯이 온스톤과 냉스톤이 교대로 반씩 같은 자리를 반씩 겹치며 이동(왕복)
    - 왼손동작

순서 17-6 : 왼쪽 목부터 위로 올리듯이 반씩 겹치면서 이동하기 (왕복 1번)

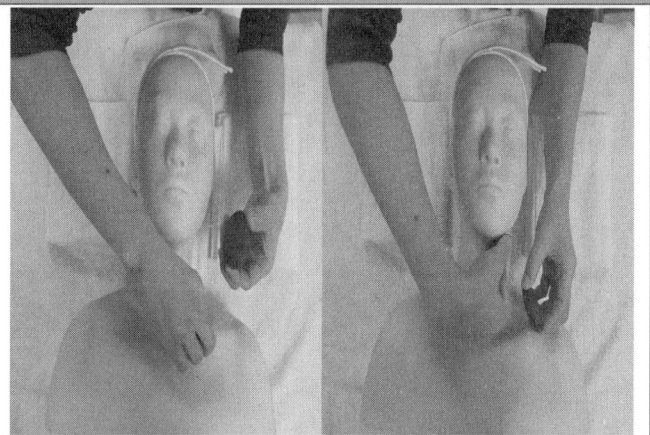

- 방법 및 주의사항
    - 오른손 동작

순서 17-6 : 왼쪽 목부터 위로 올리듯이 반씩 겹치면서 이동하기 (왕복 1번)

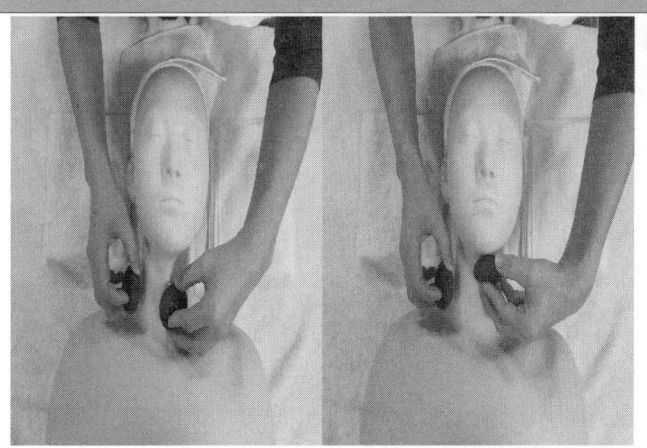

- 방법 및 주의사항
    - 오른쪽으로 이동하며) 목 중앙부위의 왼손동작

순서 17-6 : 왼쪽 목부터 위로 올리듯이 반씩 겹치면서 이동하기 (왕복 1번)

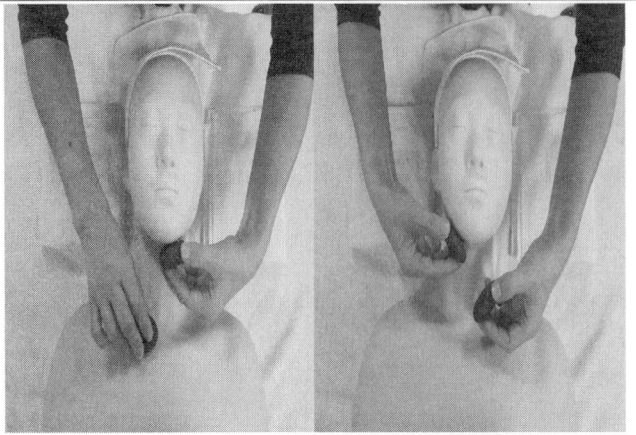

- 방법 및 주의사항
  - 오른쪽으로 이동하며) 목 중앙부위의 오른손동작

▼

순서 17-6 : 왼쪽 목부터 위로 올리듯이 반씩 겹치면서 이동하기 (왕복 1번)

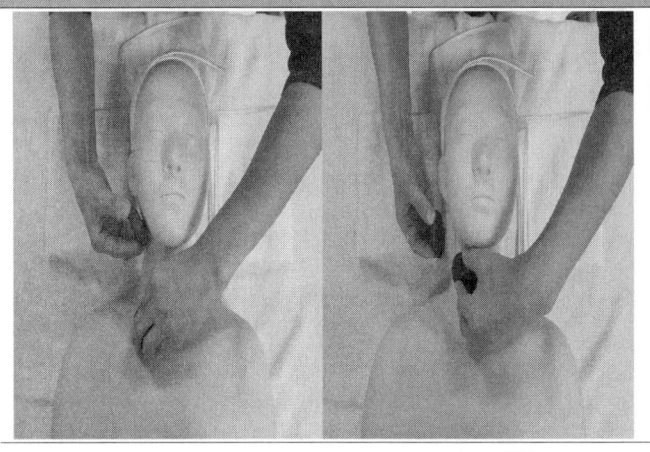

- 방법 및 주의사항
  - 오른쪽으로 이동하며) 목 오른쪽 부위의 왼손동작

▼

순서 17-6 : 왼쪽 목부터 위로 올리듯이 반씩 겹치면서 이동하기 (왕복 1번)

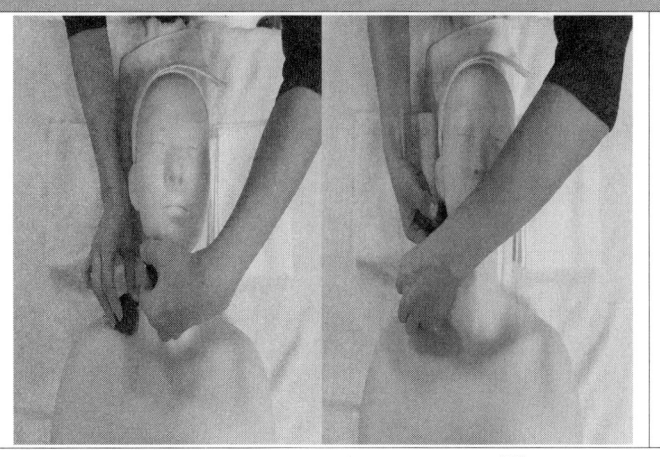

- 방법 및 주의사항
  - 오른쪽으로 이동하며) 목 오른쪽 부위의 오른손동작

▼

순서 17-6 : 왼쪽 목부터 위로 올리듯이 반씩 겹치면서 이동하기 (왕복 1번)	
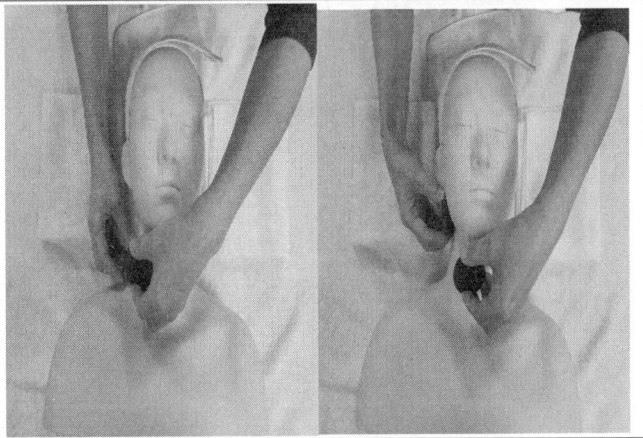	• 방법 및 주의사항 ◆ 다시 왼쪽으로 이동하며 왕복 1회

▼

순서 17-7 : 이중턱 가운데-프로펀더스(왼/오) 좌/우 번갈아 (4번)	
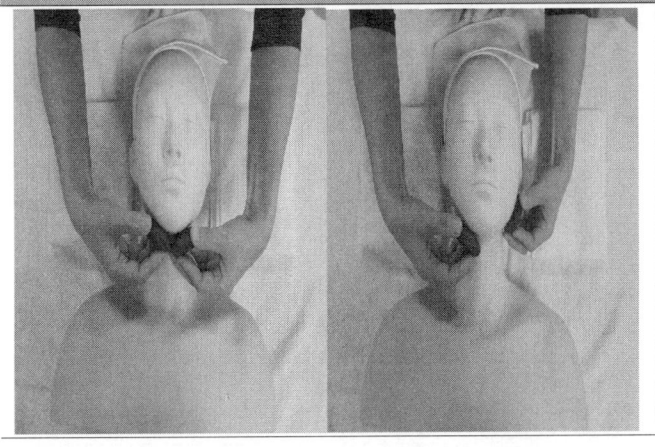	• 방법 및 주의사항 ◆ 왼손 → 오른손 교대로 번갈아 적용(4번)

▼

순서 17-7 : 이중턱 가운데-프로펀더스(왼/오) 좌/우 번갈아 (4번)	
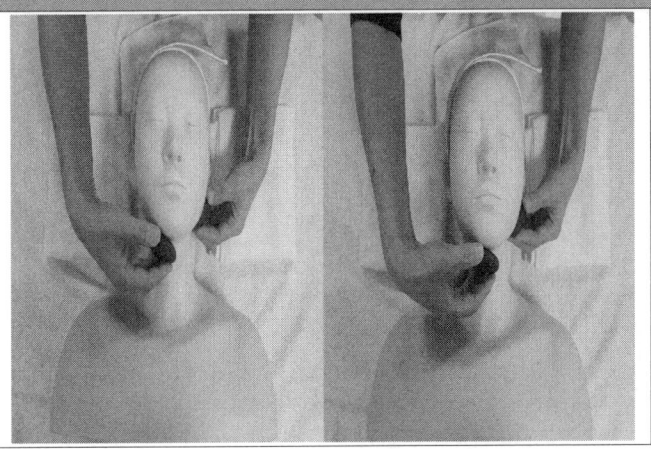	• 방법 및 주의사항 ◆

▼

순서 18 : 눈 뒤에서 앞 굴곡에 맞춰 왔다갔다 4번 후 관자로 빼기

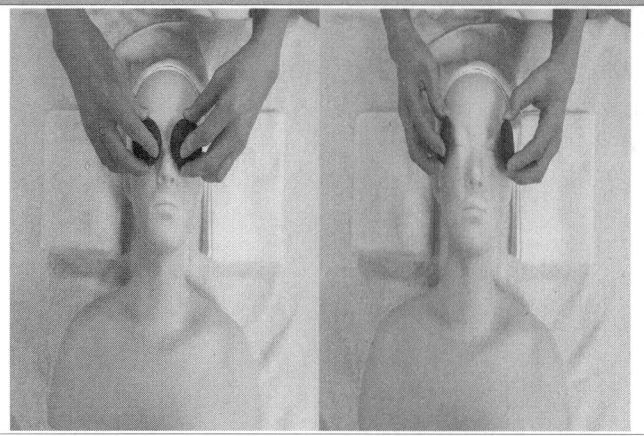

- **방법 및 주의사항**
  - 스톤을 눈 위에 대고)
    눈의 앞과 뒤로 스톤을 누르고 떼었다하기 마지막에 관자로 빼주기

▼

순서 18 : 눈 뒤에서 앞 굴곡에 맞춰 왔다갔다 4번 후 관자로 빼기

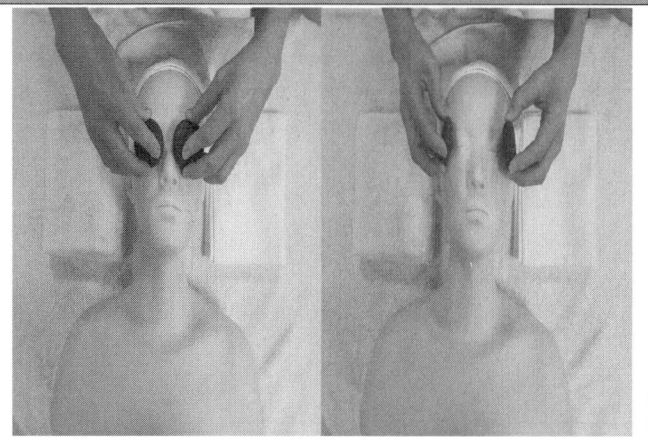

- **방법 및 주의사항**
  - 스톤을 눈 위에 대고)
    눈의 앞과 뒤로 스톤을 누르고 떼었다하다가 마지막에 관자로 빼주기

▼

순서 18 : 눈 뒤에서 앞 굴곡에 맞춰 왔다갔다 4번 후 관자로 빼기

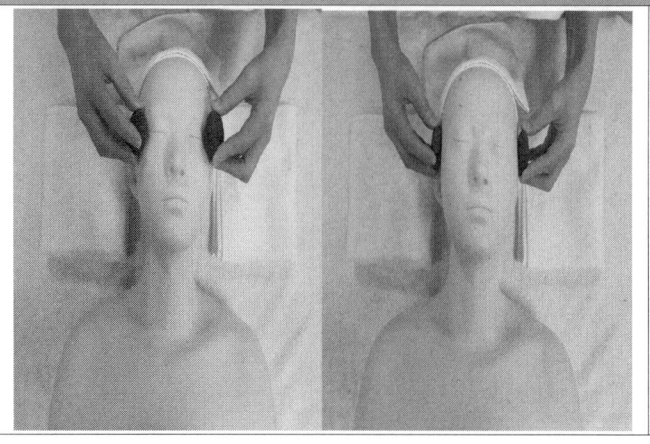

- **방법 및 주의사항**
  - 관자로 빼주기

▼

2. 얼굴스톤테라피(Ⅱ)

4) 온냉스톤관리하기

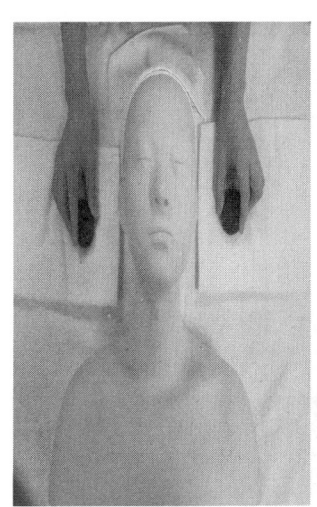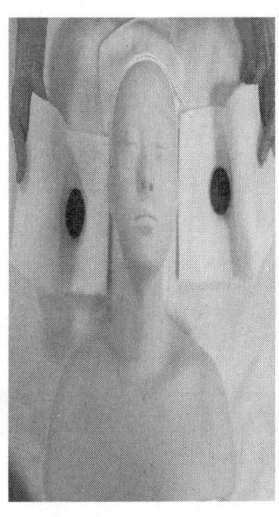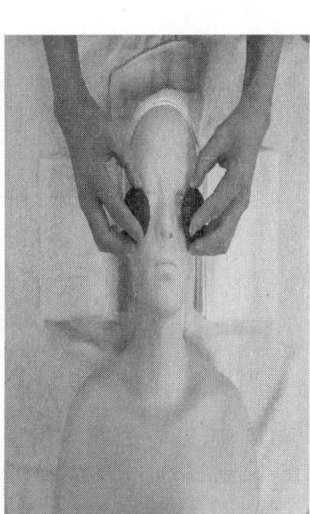

얼굴 스톤 관리하기 (온.냉스톤)

준비사항

○ 준비물 : 얼굴용 스톤 6개, 온습포 1개, 건포 1개, 마사지크림(오일)
○ 적용피부 : 모든 피부
○ 주의사항 :

준비 : 왼쪽(온스톤1개), 오른쪽(냉스톤1개)를 준비한다.

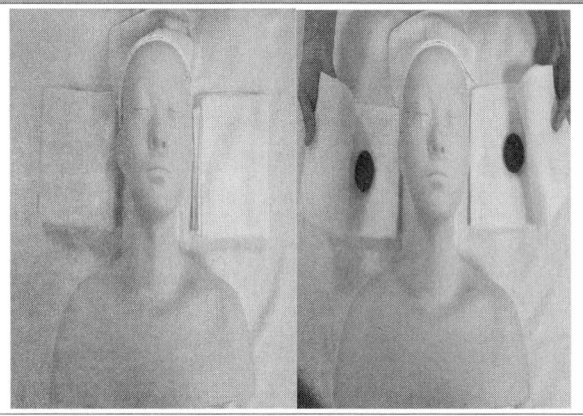

- **방법 및 주의사항**
- 스톤워머와 냉장고에서 꺼내온 온스톤과 냉스톤의 온도를 유지하기 위해 타월을 이용하여 덮어둔다.
- 스톤테라피를 위한 매뉴얼테크닉 적용 후,

▼

시술 방법 : 스톤테라피를 위한 매뉴얼테크닉 적용 후→ 온스톤→ 냉스톤→ 온냉스톤→ 마무리

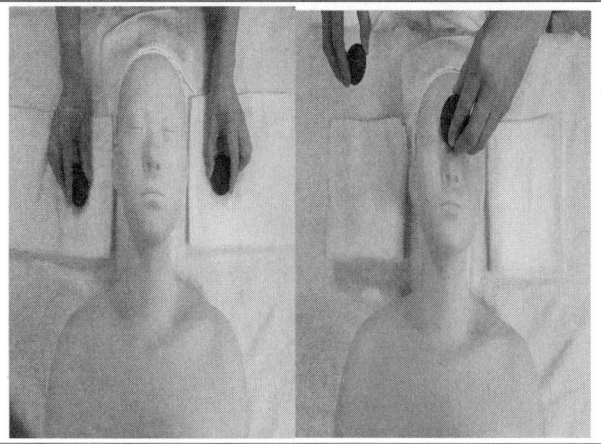

- **방법 및 주의사항**
- 왼쪽에 있는 온스톤을 왼손으로 쥐고, 오른쪽에 있는 냉스톤을 왼손에 쥐고 온냉스톤 관리를 시작
- 온냉스톤 관리는) 항상 왼손의 온스톤 먼저 적용

순서 19 : 콧등 온, 냉으로 좌/우 교대로 이마 끝까지 쓸어 올리기 (2번)

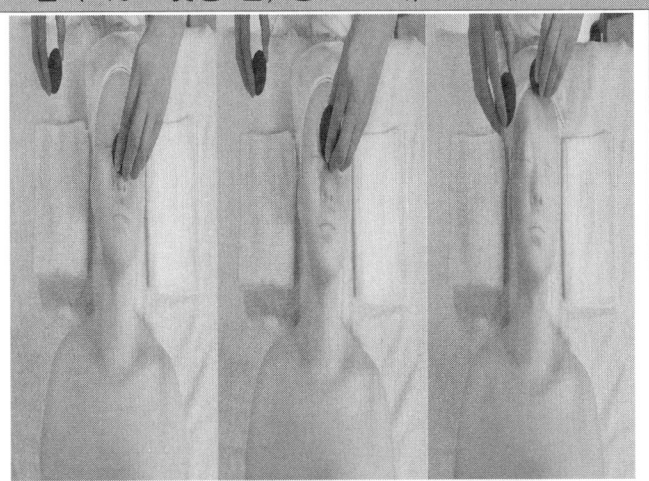

- 방법 및 주의사항
  - 콧등을 냉스톤(오른손)으로 코 끝에서 이마 끝까지 쓸어올리기(1번)

순서 19 : 콧등 온, 냉으로 좌/우 교대로 이마 끝까지 쓸어 올리기 (2번)

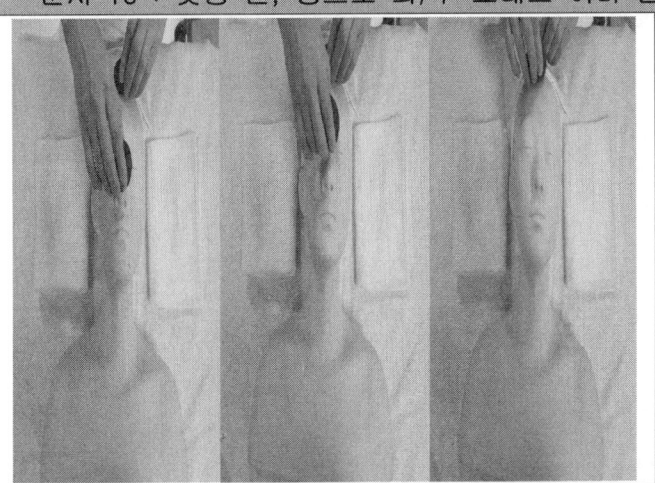

- 방법 및 주의사항
  - 콧등을 냉스톤(오른손)으로 코 끝에서 이마 끝까지 쓸어올리기(1번)

순서 20 : 코벽 온, 냉 (왼쪽 1번 / 오른쪽 1번)-왼쪽 코벽(왼손)

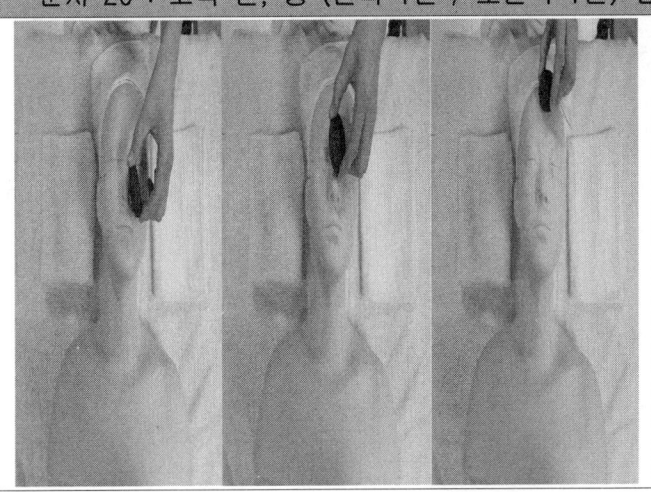

- 방법 및 주의사항
  - 오른쪽) 코벽을 온스톤(왼손)으로 코벽 끝에서 이마 끝까지 쓸어올리기(1번)

순서 20 : 코벽 온, 냉 (왼쪽 1번 / 오른쪽 1번) -왼쪽

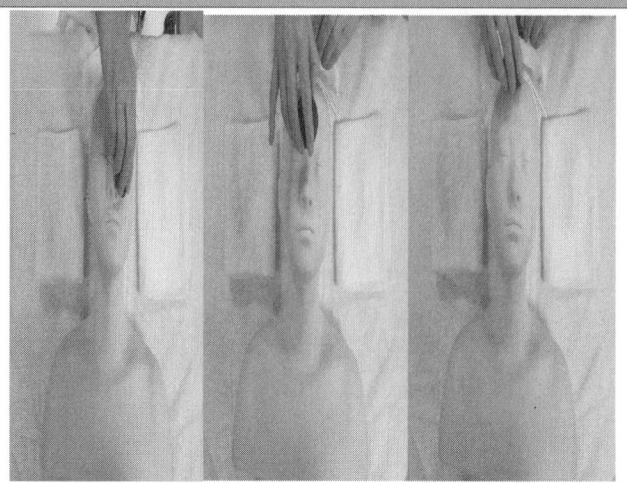

- 방법 및 주의사항

  ◆ 오른쪽 코벽) 냉스톤(오른손)으로 코벽 끝에서 이마 끝까지 쓸어올리기(1번)

순서 20 : 코벽 온, 냉 (왼쪽 1번 / 오른쪽 1번)

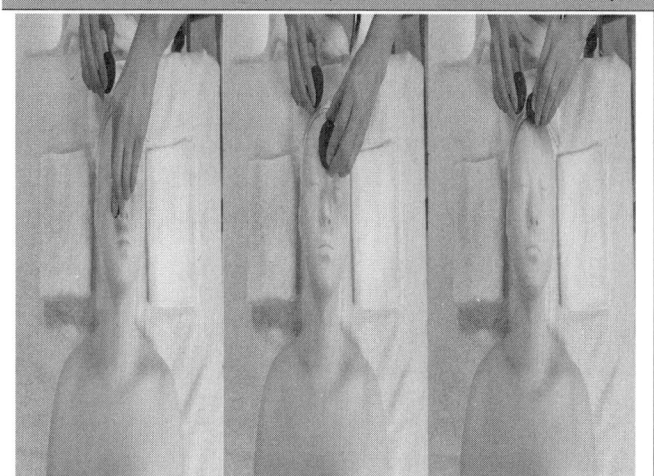

- 방법 및 주의사항

  ◆ 왼쪽) 코벽을 온스톤(왼손)으로 코벽 끝에서 이마 끝까지 쓸어올리기(1번)

순서 20 : 코벽 온, 냉 (왼쪽 1번 / 오른쪽 1번)

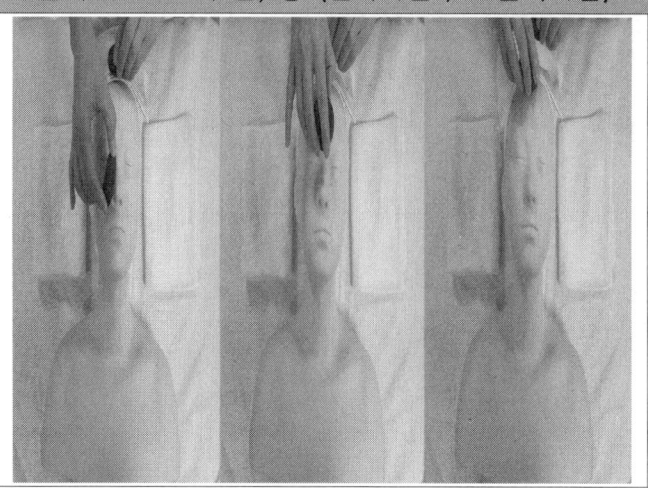

- 방법 및 주의사항

  ◆ 왼쪽 코벽) 냉스톤(오른손)으로 코벽 끝에서 이마 끝까지 쓸어올리기(1번)

순서 20 : 코벽 온, 냉 (왼쪽 1번 / 오른쪽 1번)

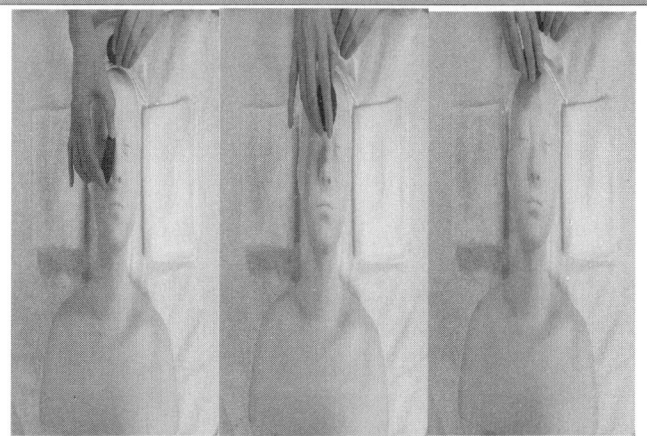

- 방법 및 주의사항

  ◆ 왼쪽) 코벽을 온스톤(왼손)으로 코벽 끝에서 이마 끝까지 쓸어올리기(1번)

  ◆ 똑같은 부위를) 냉스톤(오른손)으로 코벽 끝에서 이마 끝까지 쓸어올리기(1번)

▼

순서 20 : 코벽 온, 냉 (왼쪽 1번 / 오른쪽 1번)

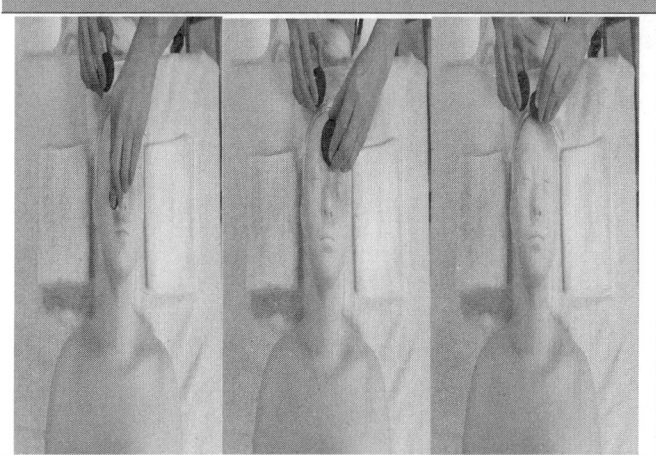

- 방법 및 주의사항

  ◆

▼

순서 20 : 코벽 온, 냉 (왼쪽 1번 / 오른쪽 1번)

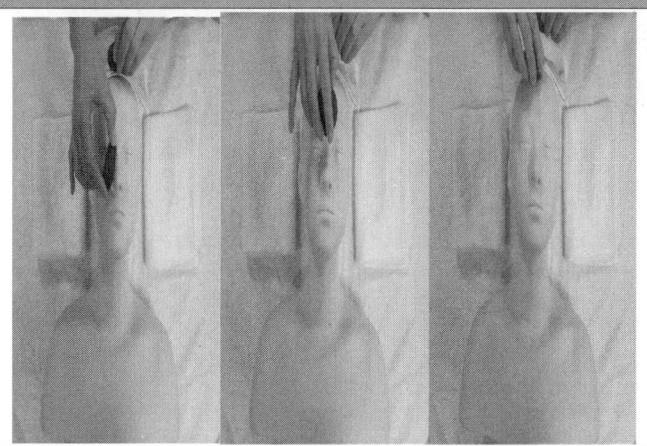

- 방법 및 주의사항

  ◆

▼

순서 21 : 이마 왼쪽 관자부터 이마 중앙까지 (세로)일자로 (겹치면서) 올리기 4줄		
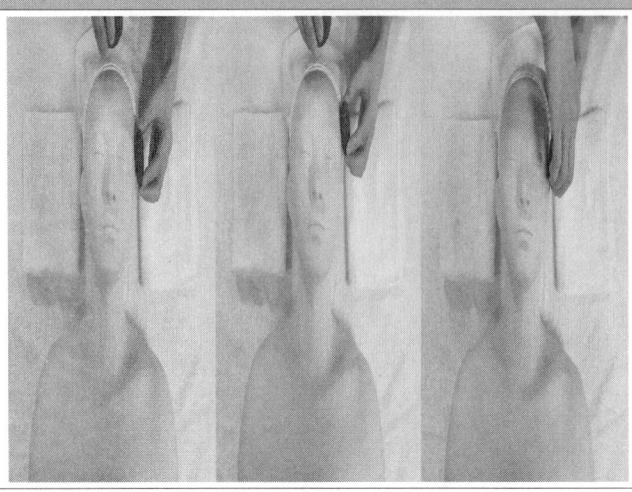	• 방법 및 주의사항	
	◆ 왼손(온스톤) → 오른손(냉스톤)을 교대로 적용하며 4번 이동	
	① 이마 왼쪽 관자부터 이마 중앙까지 (세로)일자로 (겹치면서) 올리기 4줄	
	② 이마 오른쪽 관자부터 이마 중앙까지 (세로)일자로 (겹치면서) 올리기 4줄	

▼

순서 21 : 이마 왼쪽 관자부터 이마 중앙까지 (세로)일자로 (겹치면서) 올리기 4줄	
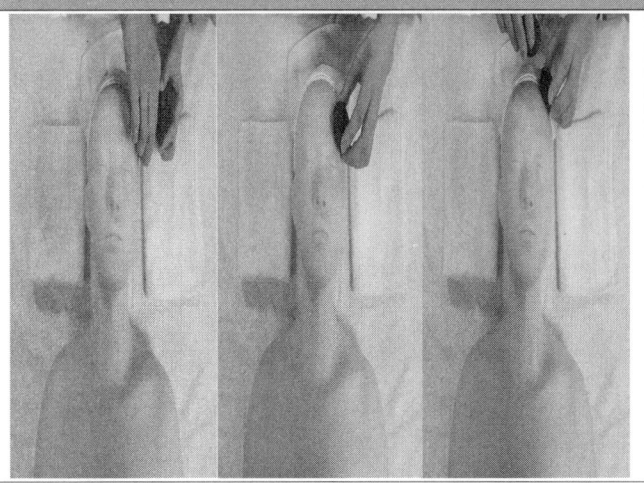	• 방법 및 주의사항 ◆

▼

순서 21 : 이마 왼쪽 관자부터 이마 중앙까지 (세로)일자로 (겹치면서) 올리기 4줄	
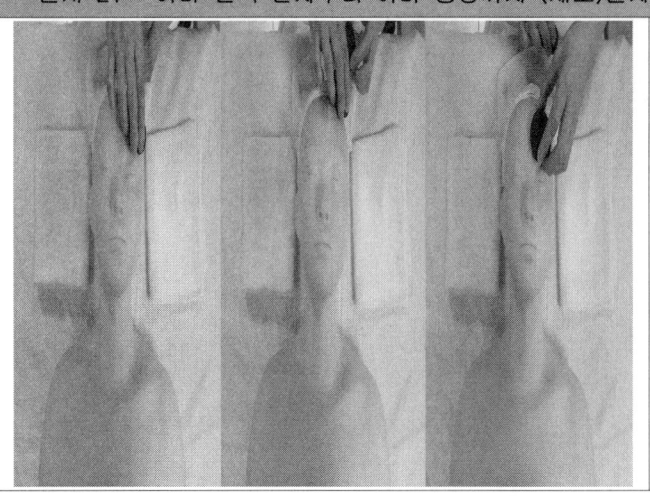	• 방법 및 주의사항 ◆

▼

순서 21 : 이마 왼쪽 관자부터 이마 중앙까지 (세로)일자로 (겹치면서) 올리기 4줄

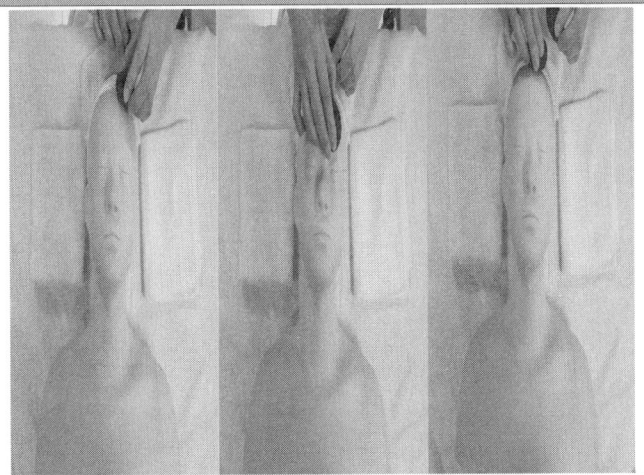

- 방법 및 주의사항
  -

▼

순서 21 : 이마 왼쪽 관자부터 이마 중앙까지 (세로)일자로 (겹치면서) 올리기 4줄

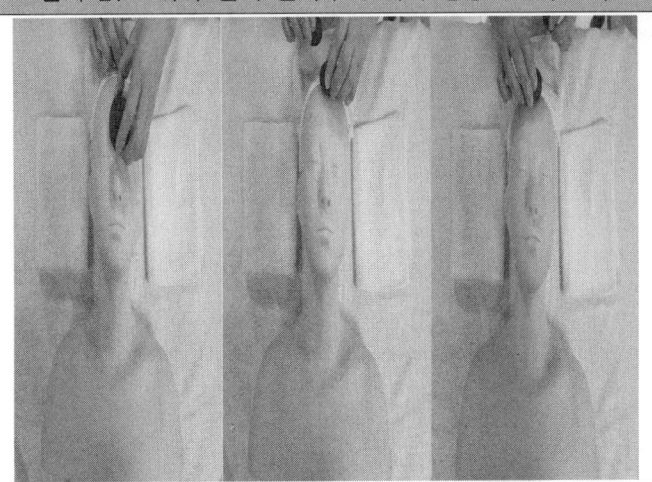

- 방법 및 주의사항
  - 이마 중앙부위까지 이동

▼

순서 22 : 이마 오른쪽 관자부터 이마 중앙까지 (세로)일자로 (겹치면서) 올리기 4줄

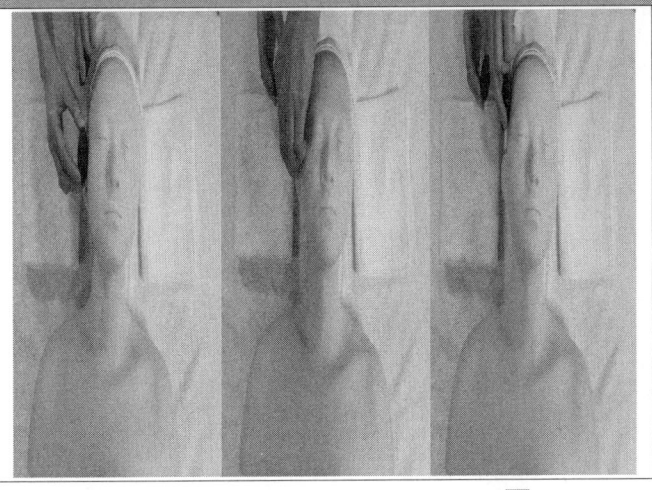

- 방법 및 주의사항
  -

▼

순서 22 : 이마 오른쪽 관자부터 이마 중앙까지 (세로)일자로 (겹치면서) 올리기 4줄		
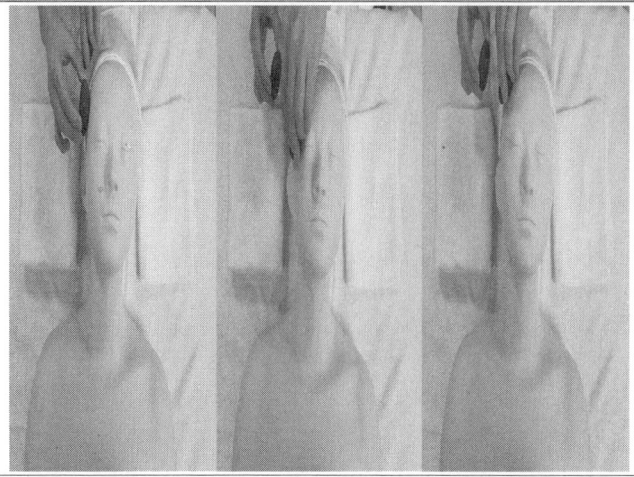	• 방법 및 주의사항	
	♦	

▼

순서 22 : 이마 오른쪽 관자부터 이마 중앙까지 (세로)일자로 (겹치면서) 올리기 4줄		
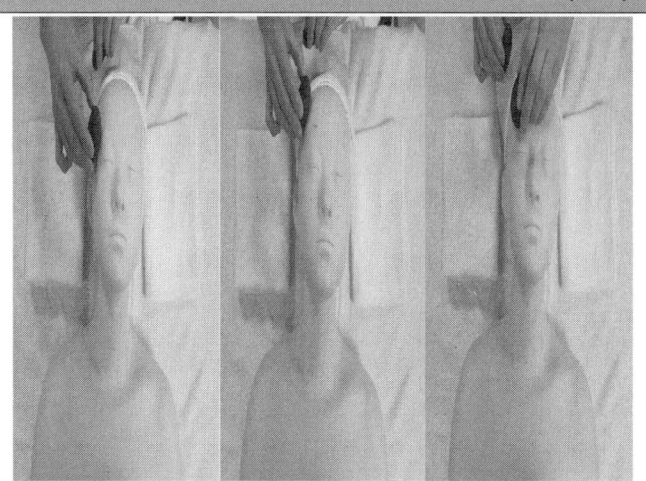	• 방법 및 주의사항	
	♦	

▼

순서 22 : 이마 오른쪽 관자부터 이마 중앙까지 (세로)일자로 (겹치면서) 올리기 4줄		
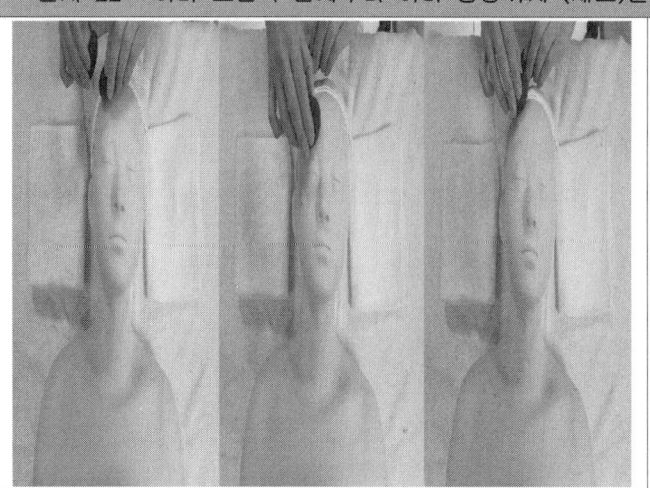	• 방법 및 주의사항	
	♦	

▼

| 순서 22 : 이마 오른쪽 관자부터 이마 중앙까지 (세로)일자로 (겹치면서) 올리기 4줄 |

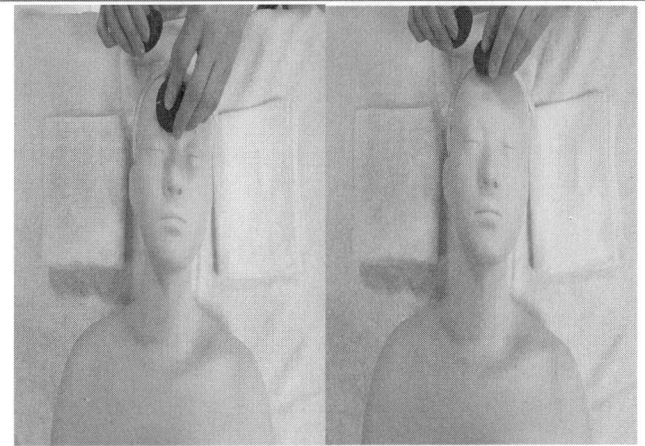

• 방법 및 주의사항

▼

| 순서 22 : 이마 오른쪽 관자부터 이마 중앙까지 (세로)일자로 (겹치면서) 올리기 4줄 |

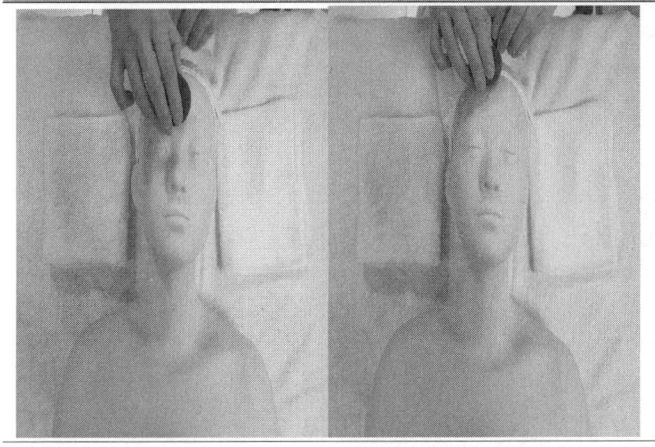

• 방법 및 주의사항

▼

| 순서 23 : 볼 왼쪽 아랫 볼 턱끝에서 턱 중앙까지 (세로)일자로 (겹치면서) 올리기 4줄 |

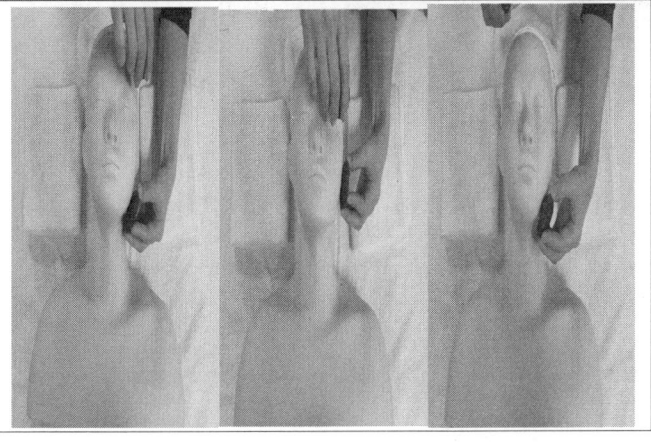

• 방법 및 주의사항

① 볼 왼쪽 아랫 볼 턱끝에서 턱 중앙까지 (세로)일자로 (겹치면서) 올리기 4줄

② 볼 왼쪽 윗 볼 귀 앞에서 콧볼 옆까지 (세로)일자로 (겹치면서) 올리기 4줄

▼

순서 23 : 볼 왼쪽 아랫 볼 턱끝에서 턱 중앙까지 (세로)일자로 (겹치면서) 올리기 4줄

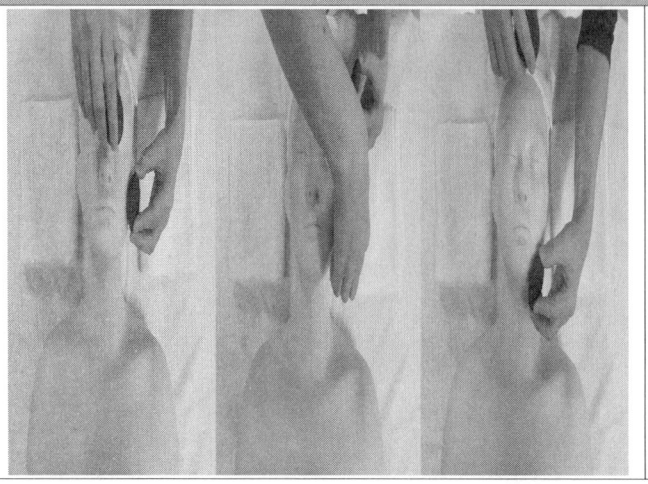

- 방법 및 주의사항
  -

순서 23 : 볼 왼쪽 아랫 볼 턱끝에서 턱 중앙까지 (세로)일자로 (겹치면서) 올리기 4줄

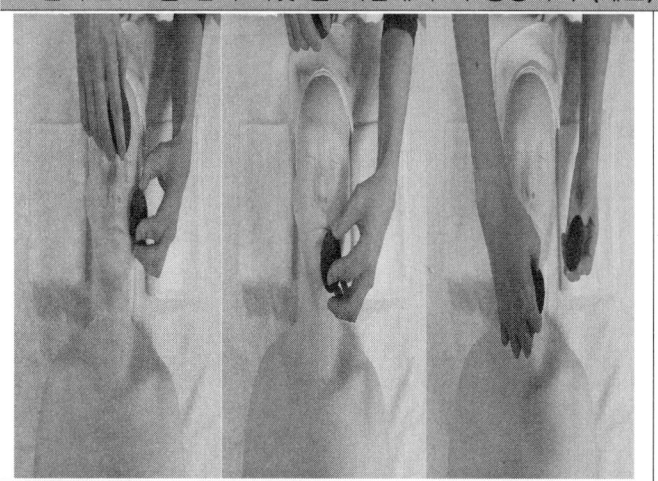

- 방법 및 주의사항
  -

순서 24 : 볼 왼쪽 윗 볼 귀 앞에서 콧볼 옆까지 (세로)일자로 (겹치면서) 올리기 4줄

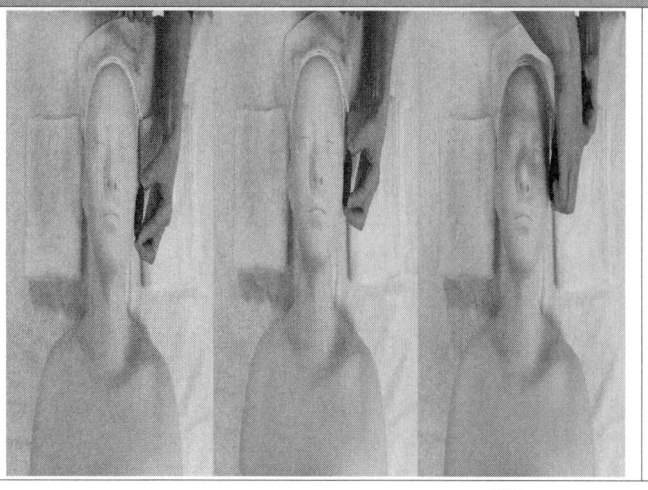

- 방법 및 주의사항
  -

순서 24 : 볼 왼쪽 윗 볼 귀 앞에서 콧볼 옆까지 (세로)일자로 (겹치면서) 올리기 4줄

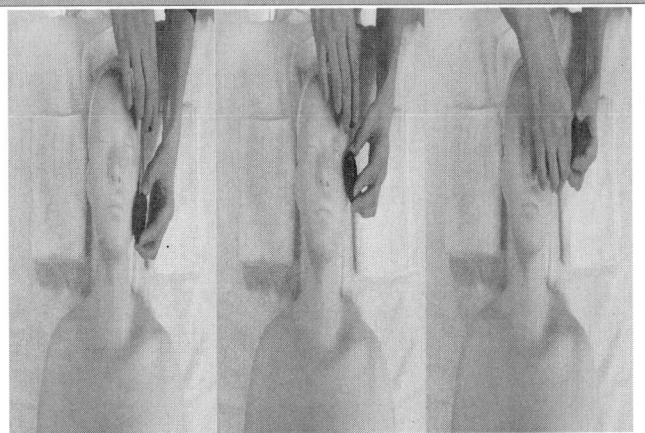

- 방법 및 주의사항
  -

순서 24 : 볼 왼쪽 윗 볼 귀 앞에서 콧볼 옆까지 (세로)일자로 (겹치면서) 올리기 4줄

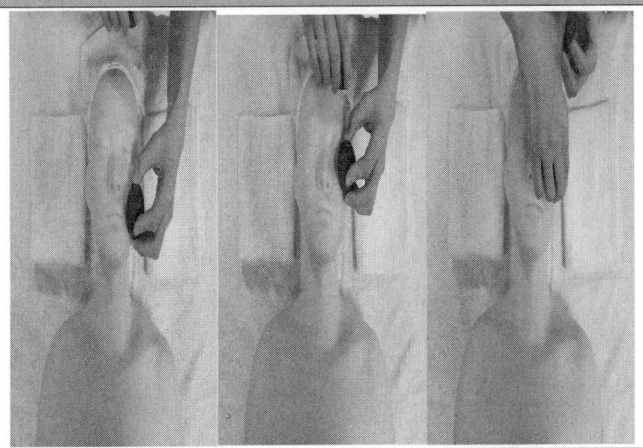

- 방법 및 주의사항
  -

순서 24 : 볼 왼쪽 윗 볼 귀 앞에서 콧볼 옆까지 (세로)일자로 (겹치면서) 올리기 4줄

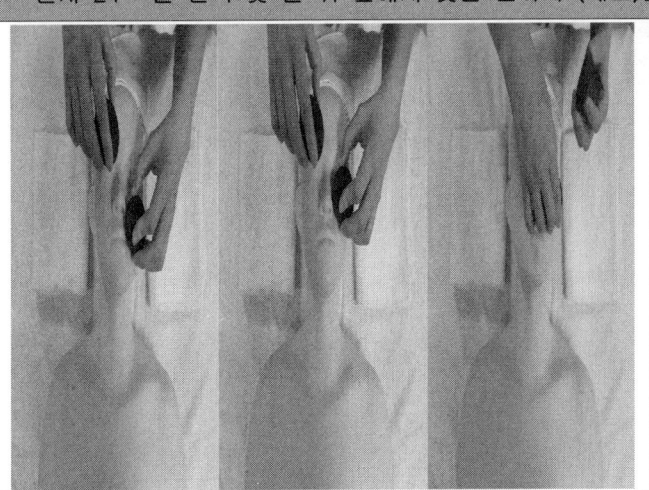

- 방법 및 주의사항
  -

순서 25 : 볼 오른쪽 아랫 볼 턱끝에서 턱 중앙까지 (세로)일자로 (겹치면서) 올리기 4줄

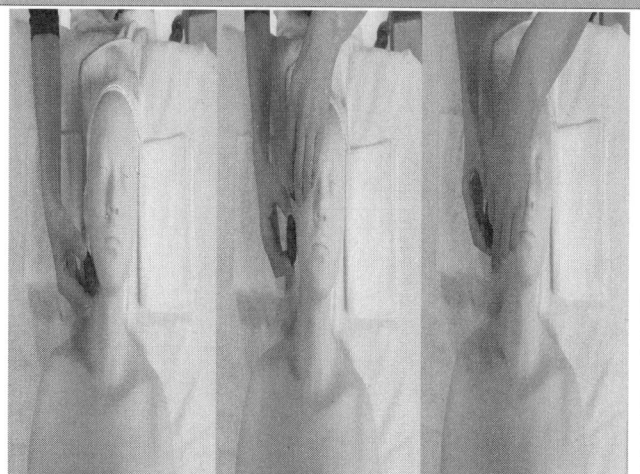

- 방법 및 주의사항

  - ① 볼 오른쪽 아랫 볼 턱끝에서 턱 중앙까지 (세로)일자로 (겹치면서) 올리기 4줄
  - ② 볼 오른쪽 윗 볼 귀 앞에서 콧볼 옆까지 (세로)일자로 (겹치면서) 올리기 4줄

순서 25 : 볼 오른쪽 아랫 볼 턱끝에서 턱 중앙까지 (세로)일자로 (겹치면서) 올리기 4줄

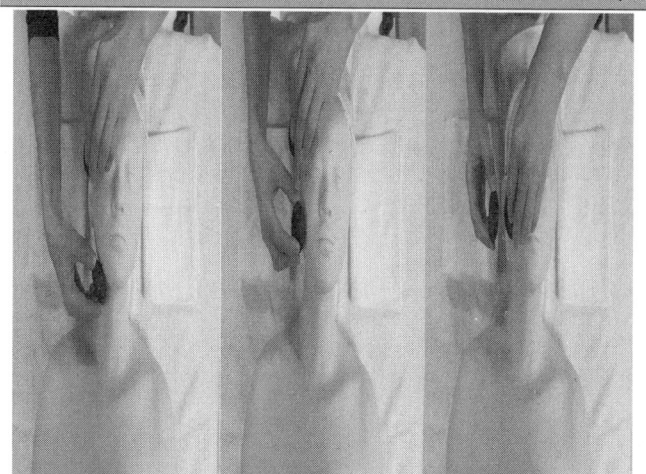

- 방법 및 주의사항

순서 25 : 볼 오른쪽 아랫 볼 턱끝에서 턱 중앙까지 (세로)일자로 (겹치면서) 올리기 4줄

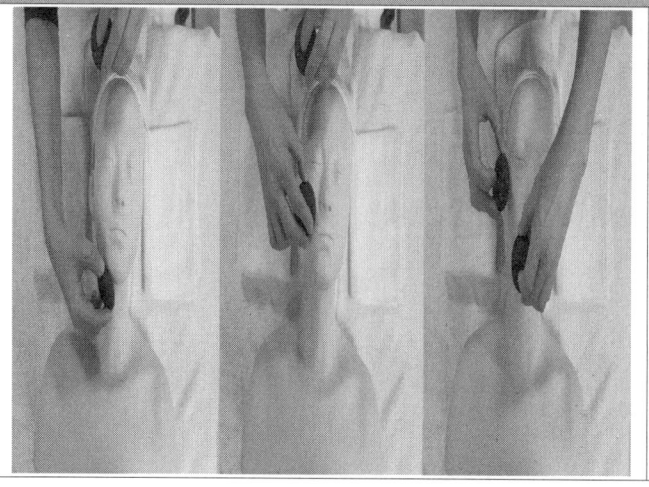

- 방법 및 주의사항

순서 26 : 볼 오른쪽 윗 볼 귀 앞에서 콧볼 옆까지 (세로)일자로 (겹치면서) 올리기 4줄

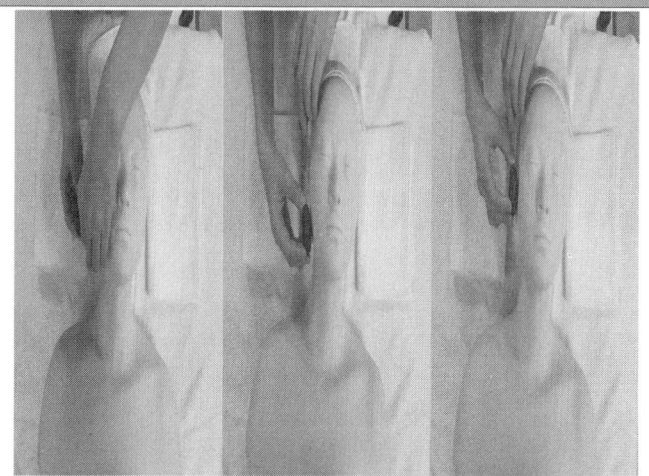

- 방법 및 주의사항
- ◆

순서 26 : 볼 오른쪽 윗 볼 귀 앞에서 콧볼 옆까지 (세로)일자로 (겹치면서) 올리기 4줄

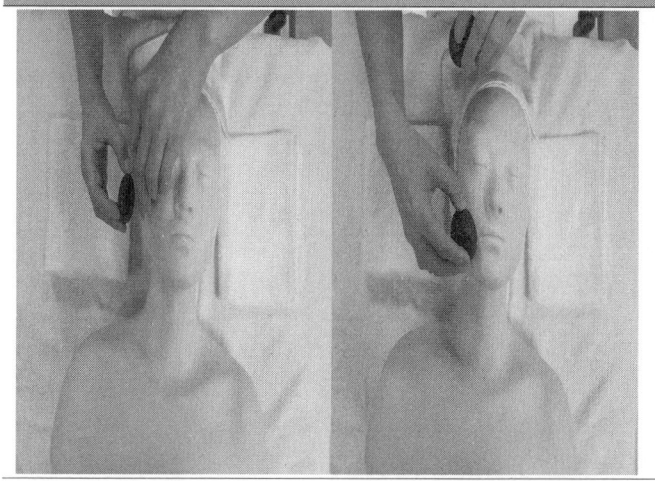

- 방법 및 주의사항
- ◆

순서 26 : 볼 오른쪽 윗 볼 귀 앞에서 콧볼 옆까지 (세로)일자로 (겹치면서) 올리기 4줄

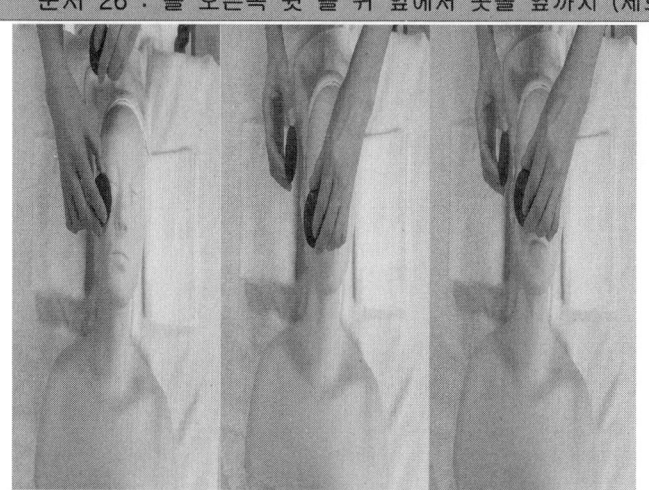

- 방법 및 주의사항
- ◆

순서 26 : 볼 오른쪽 윗 볼 귀 앞에서 콧볼 옆까지 (세로)일자로 (겹치면서) 올리기 4줄

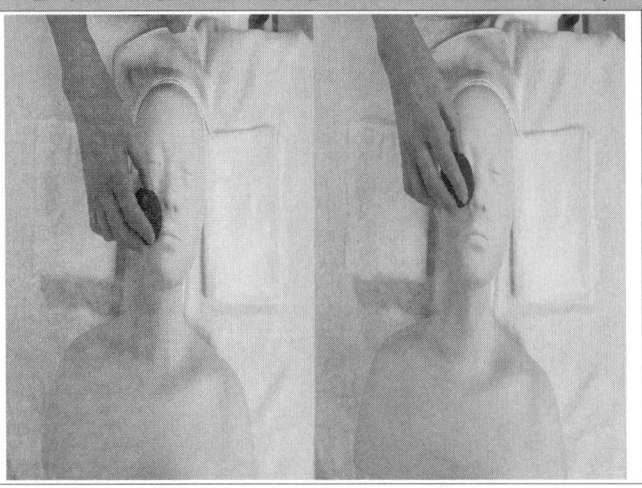

- 방법 및 주의사항
  - 인중 왼쪽에서 오른쪽으로 (온이 간 자리 냉이 따라 가주기) 1번

순서 27 : 인중 왼쪽에서 오른쪽으로 (온이 간 자리 냉이 따라 가주기) 1번

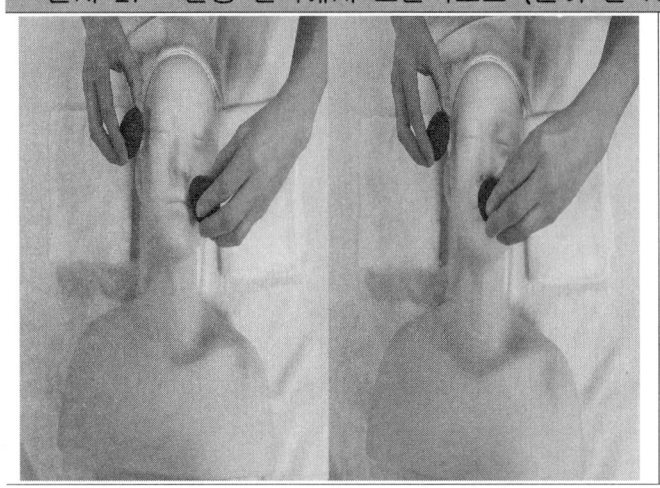

- 방법 및 주의사항
  -

순서 28 : 인중 왼쪽에서 오른쪽으로 (온이 간 자리 냉이 따라 가주기) 1번

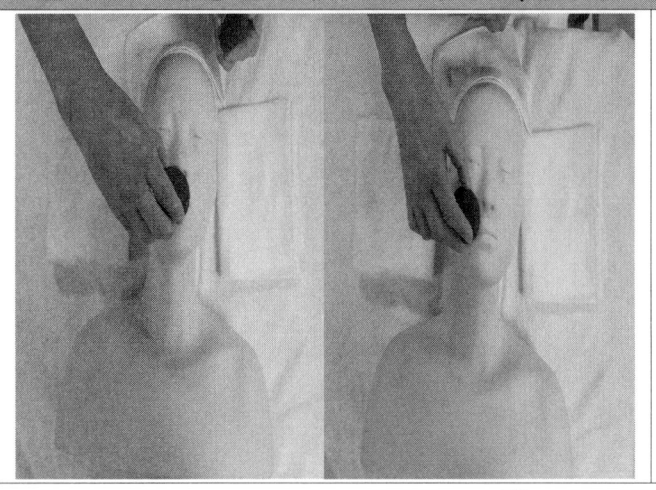

- 방법 및 주의사항
  -

순서 28 : 인중 오른쪽에서 왼쪽으로 (온이 간 자리 냉이 따라 가주기) 1번

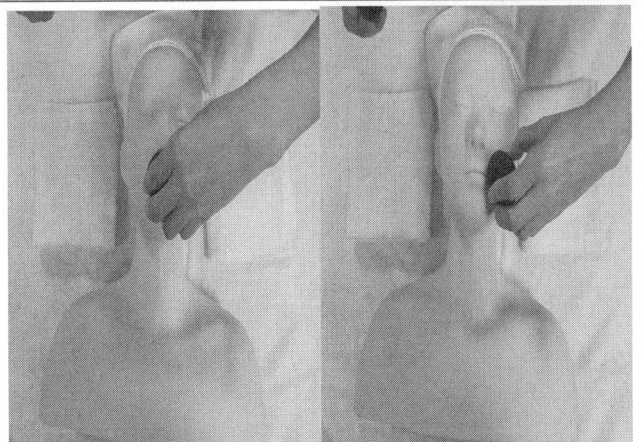

- 방법 및 주의사항
  -

순서 28 : 인중 오른쪽에서 왼쪽으로 (온이 간 자리 냉이 따라 가주기) 1번

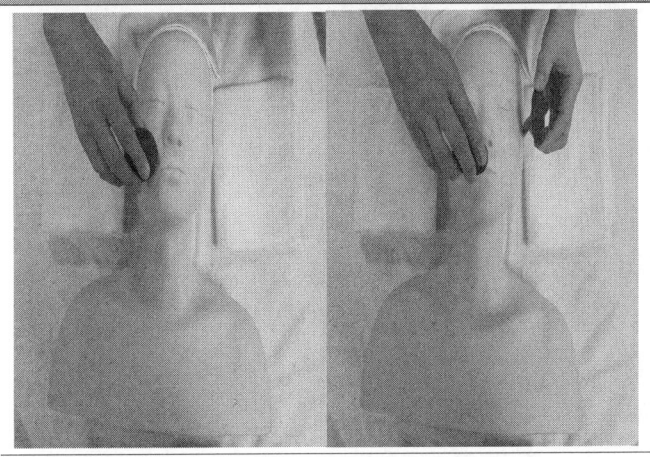

- 방법 및 주의사항
  -

순서 29 : 목 왼쪽 목부터 오른쪽으로 위로 올리듯이 온,냉이 같은 자리를 겹치며 이동

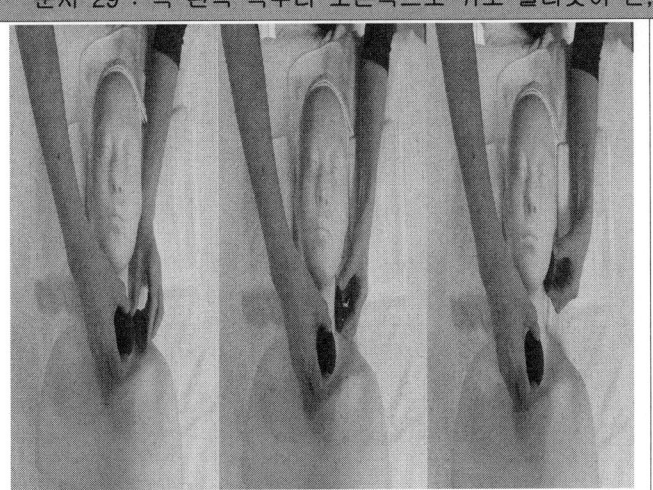

- 방법 및 주의사항
  - 목 왼쪽 목부터 오른쪽으로 위로 올리듯이 온, 냉이 같은 자리를 겹치며 이동

순서 29 : 목 왼쪽 목부터 오른쪽으로 위로 올리듯이 온,냉이 같은 자리를 겹치며 이동	
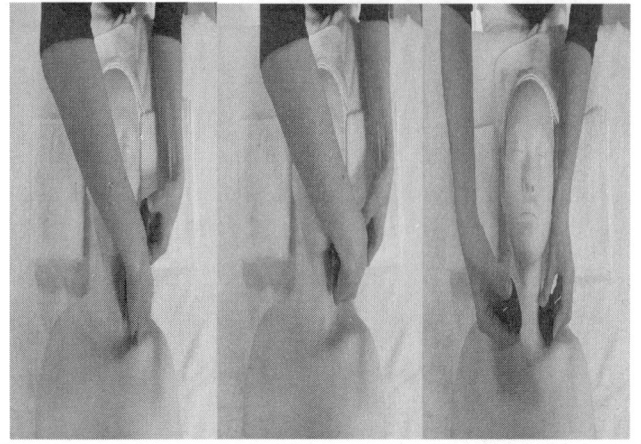	• 방법 및 주의사항 ◆

▼

순서 29 : 목 왼쪽 목부터 오른쪽으로 위로 올리듯이 온,냉이 같은 자리를 겹치며 이동	
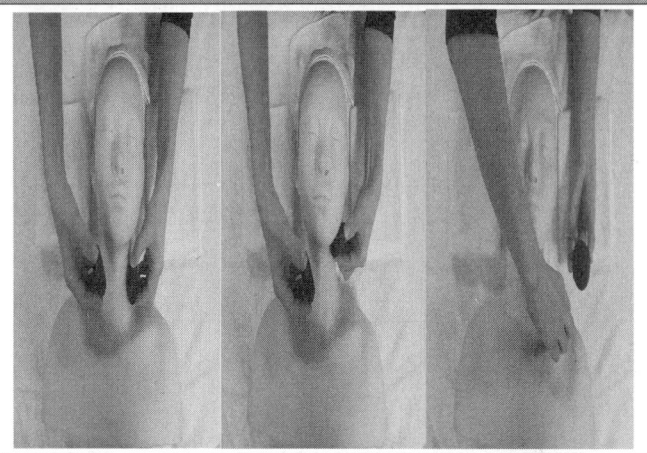	• 방법 및 주의사항 ◆

▼

순서 29 : 목 왼쪽 목부터 오른쪽으로 위로 올리듯이 온,냉이 같은 자리를 겹치며 이동	
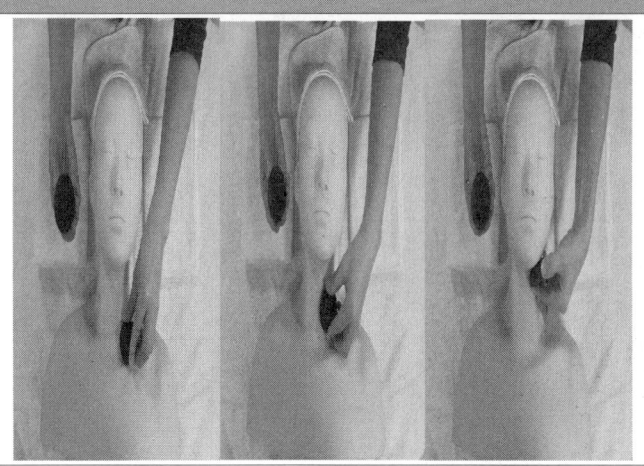	• 방법 및 주의사항 ◆

▼

순서 29 : 목 왼쪽 목부터 오른쪽으로 위로 올리듯이 온,냉이 같은 자리를 겹치며 이동

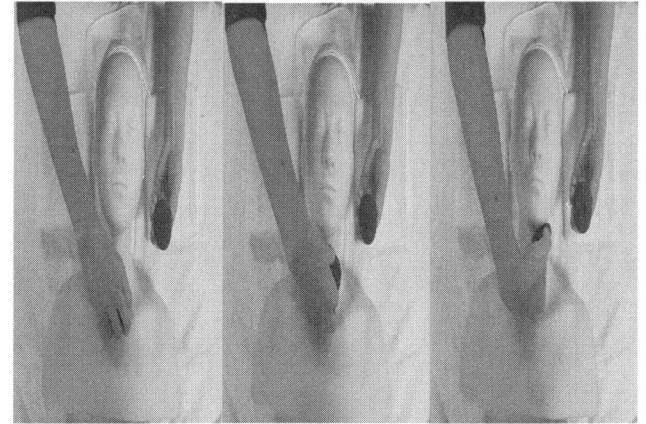

- 방법 및 주의사항
  -

▼

순서 29 : 목 왼쪽 목부터 오른쪽으로 위로 올리듯이 온,냉이 같은 자리를 겹치며 이동

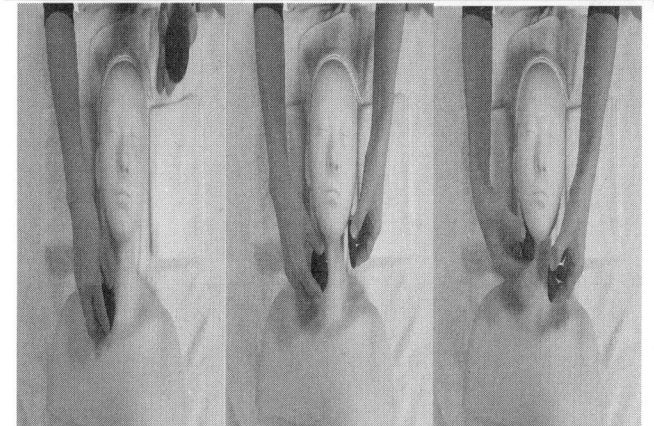

- 방법 및 주의사항
  -

▼

순서 29 : 목 왼쪽 목부터 오른쪽으로 위로 올리듯이 온,냉이 같은 자리를 겹치며 이동

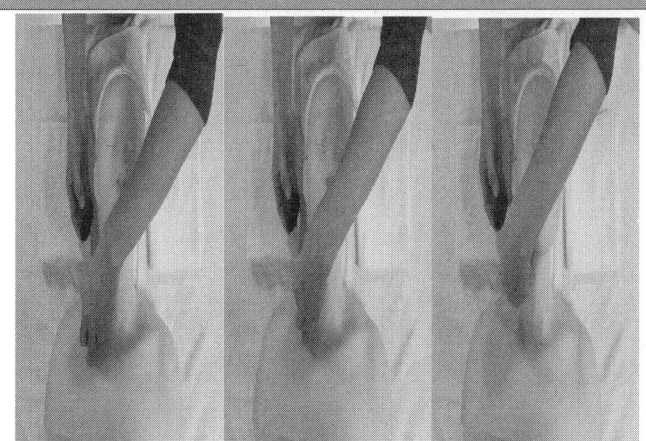

- 방법 및 주의사항
  -

▼

| 순서 29 : 목 왼쪽 목부터 오른쪽으로 위로 올리듯이 온,냉이 같은 자리를 겹치며 이동 |

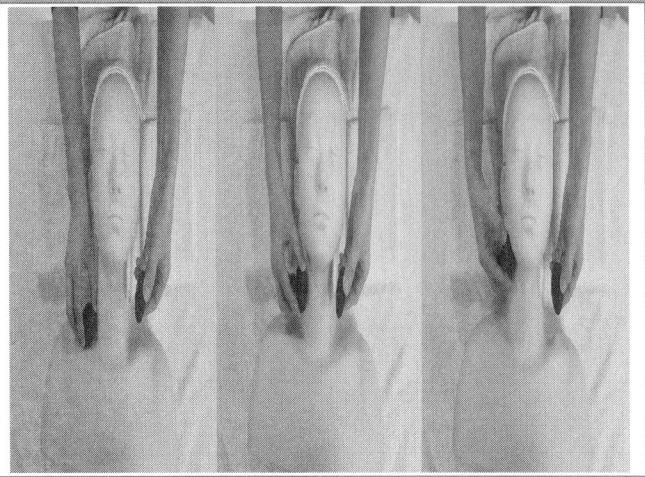

- 방법 및 주의사항

  ◆

| 순서 29 : 목 왼쪽 목부터 오른쪽으로 위로 올리듯이 온,냉이 같은 자리를 겹치며 이동 |

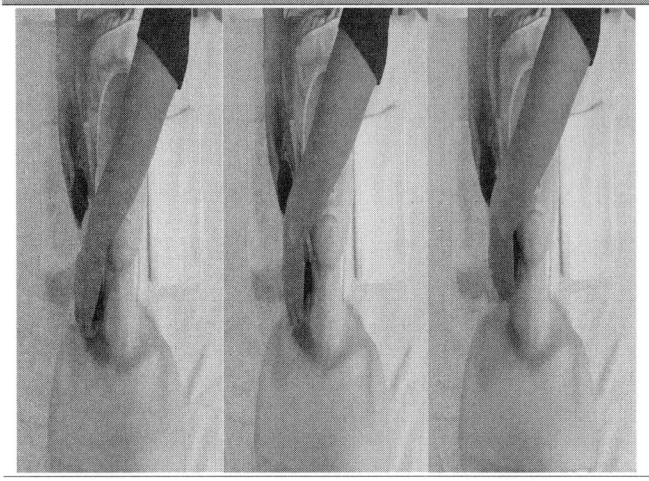

- 방법 및 주의사항

  ◆

| 순서 29 : 목 왼쪽 목부터 오른쪽으로 위로 올리듯이 온,냉이 같은 자리를 겹치며 이동 |

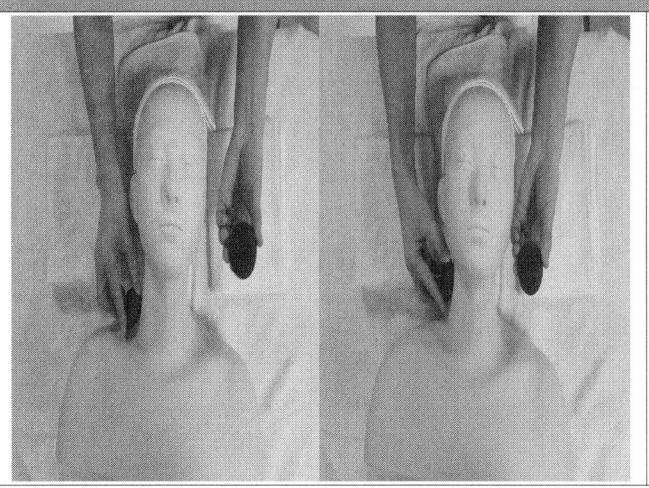

- 방법 및 주의사항

  ◆

순서 30 : 이중턱 왼쪽 턱 중앙에서 턱 끝으로 (온이 간 자리 냉이 따라 가주기) 1번

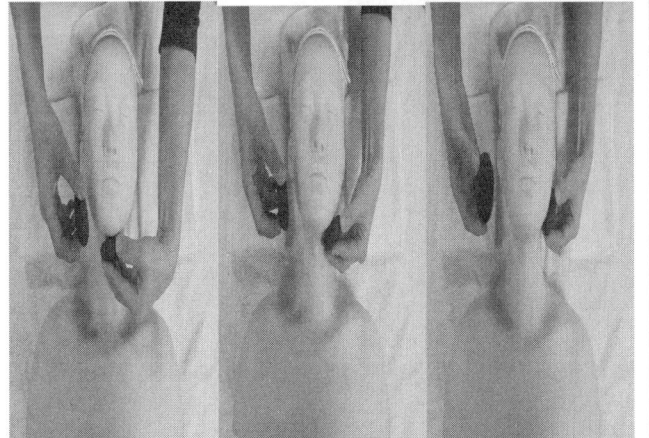

- 방법 및 주의사항

① 이중턱 턱 중앙에서 왼쪽 턱 끝으로 (온이 간 자리 냉이 따라 가주기) 1번

▼

순서 30 : 이중턱 왼쪽 턱 중앙에서 턱 끝으로 (온이 간 자리 냉이 따라 가주기) 1번

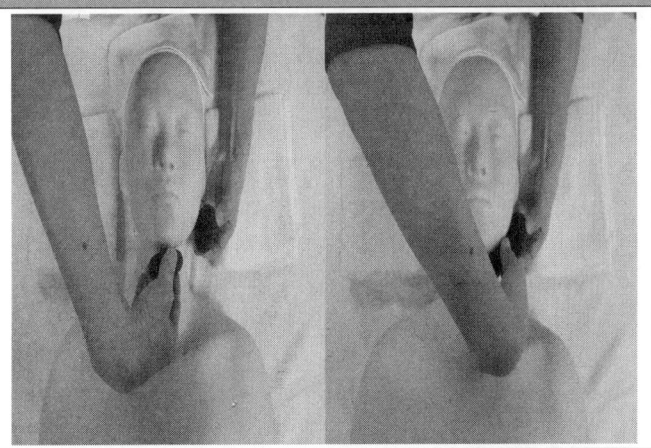

- 방법 및 주의사항

◆ (온이 간 자리 냉이 따라 가주기) 1번

▼

순서 31 : 이중턱 오른쪽 턱 중앙에서 턱 끝으로 (온이 간 자리 냉이 따라 가주기) 1번

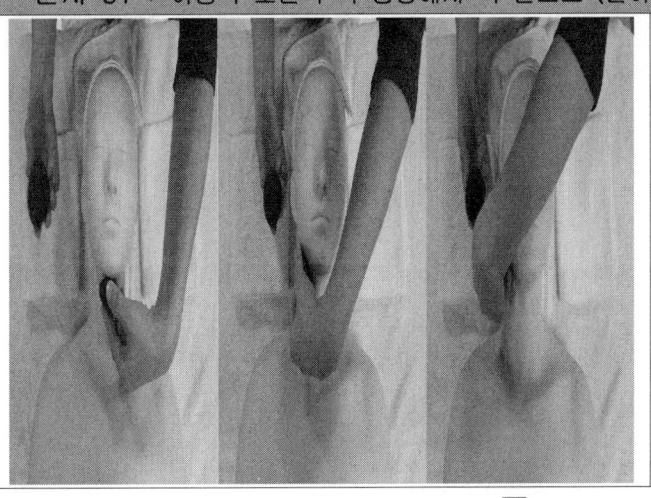

- 방법 및 주의사항

② 이중턱 턱 중앙에서 오른쪽 턱 끝으로 (온이 간 자리 냉이 따라 가주기) 1번

▼

순서 31 : 이중턱 오른쪽 턱 중앙에서 턱 끝으로 (온이 간 자리 냉이 따라 가주기) 1번

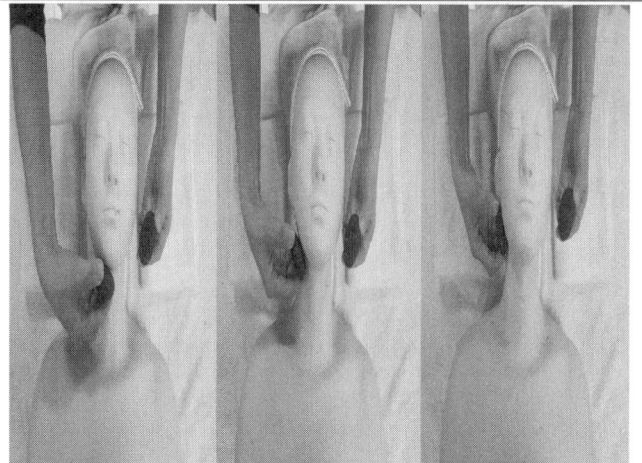

- 방법 및 주의사항
  - ◆ (온이 간 자리 냉이 따라 가주기) 1번

▼

순서 32 : 스톤을 양쪽 귀 앞에 놓고 4~6초 머무른 후 (스톤을 양 손 바꿔서 한 번 더) 머무르기

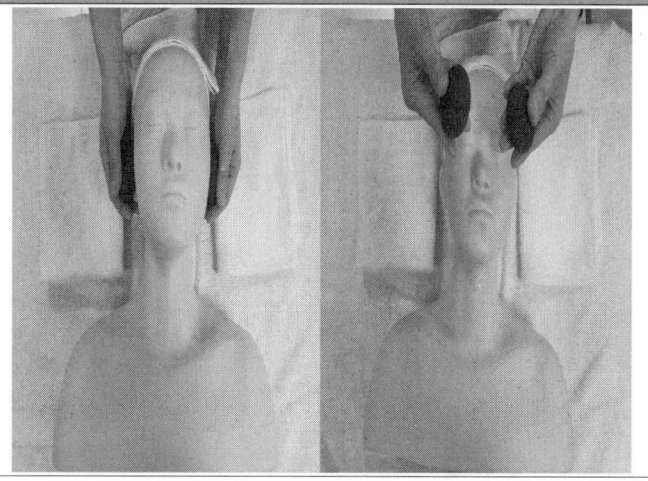

- 방법 및 주의사항
  - ◆ 스톤을 양쪽 귀 앞에 놓고 4~6초 머무른 후 (스톤을 양 손 바꿔서 한 번 더) 머무르기 (양손 교대 1번)

▼

순서 32 : 스톤을 양쪽 귀 앞에 놓고 4~6초 머무른 후 (스톤을 양 손 바꿔서 한 번 더)

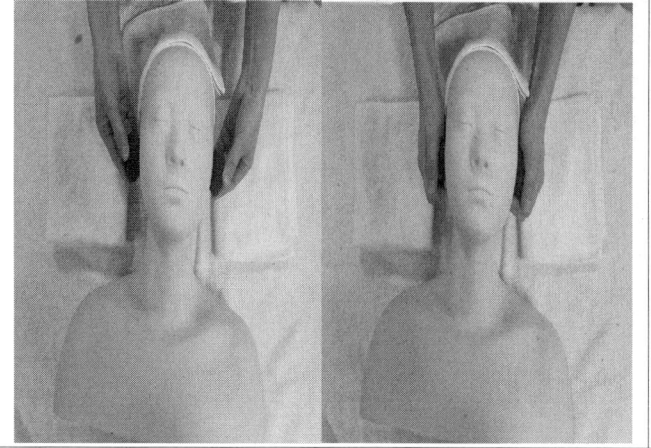

- 방법 및 주의사항
  - ◆

▼

제3장 스톤테라피의 실제(BODY)

1. 전신의 스톤테라피(Stone Therapy)

1) 스톤테라피(Body)

스톤을 이용한 전신관리는 매뉴얼테크닉과 같은 동작을 이용하여 다양한 종류의 매뉴얼테크닉의 효과를 상승시켜줄 수 있다. 매뉴얼테크닉을 할 때 소요되는 피부관리사의 에너지를 보완해준다.

스톤은 자연에서 얻은 물질로서 광물질로 형성되어 미네랄을 포함하고 있고 원적외선을 방출하고 체내에 전달해주는 역할을 하는 물질이다. 그리고 스톤관리는 열을 이용한 관리방법으로 신지대사와 혈액순환 증진, 도소 및 노폐물 배출, 관절 및 근육조직의 김장완화 및 이완, 통증완화 등의 관리 효과를 증대시키는 큰 장점을 가지고 있다.

피부미용에 스톤관리를 병행함으로써 일반적인 매뉴얼테크닉의 효과와 더불어 스톤관리의 효과가 배가되어 보다 효율적인 관리를 기대할 nt 있게 된다.

스톤테라피 효과	내용
온열작용	• 인체 내부의 온도를 높여 체온의 정상화 유도 • 면역기능 강화
순환촉진	• 혈액순환 촉진 • 신진대사 활성화
인체 내장기관의 기능 활성화	• 인체의 국소 부위(복부 등)에 온열작용을 주어 내장기능의 활성화 유도 • 내분비계의 기능 향상
세포조직의 활성화	• 노화방지, 신진대사 촉진, 만성피로 해소 등
독소배출	• 체내에 축적된 노폐물을 체외로 배출 • 부종 완화 및 예방
근육이완 및 통증완화	• 스톤의 온열 작용으로 근육조직의 이완을 유도하여 근육긴장 완화 • 관절통, 요통, 신경통, 근육통 등의 통증 완화 • 관절의 손상 방지 및 관절 주변의 근육이완을 유도하여 가동 범위의 확대와 기능 회복
피부	• 온열작용으로 노폐물 배출을 향상 • 피부의 각질제거 • 피부 건조 방지
스트레스 완화	• 심신의 진정 및 이완 효과 • 스트레스 완화

2) 기본 테크닉 종류

Basic Therapy Technic	적용 방법
경찰법 (effleurage)	• 가볍게 쓰다듬고 문지르는 방법 • 매뉴얼테크닉의 처음과 끝에 적용 • 근육의 스트레칭에도 적용 가능
강찰법 (friction)	• 피부의 표면과 심부에 강하게 문지르는 방법 • 관절 및 부착된 근육에 적용 • 근막이완에 적용 • 극소부위의 압에 적용
유연법 (petrissage)	• 주무르기, 반죽하기, 집어주기, 당기면서 주무르기 • 피부를 주무르고 반죽하는 방법으로 적당한 압력으로 표면조직에서 심부조직까지 적용
고타법 (tapotment)	• 가볍고 리듬감있게 두드리는 방법으로 파장을 주어 피부 심부 조직에 효과
진동법 (vibration)	• 떨어주기, 압박진동법, 견인진동법 • 신경조직의 진정, 근육이완, 통증감소 등

3) 스톤테라피 테크닉의 종류

Stone Therapy Technic	적용 방법
글라이딩(Gliding)	• 편평한 스톤을 이용하여 근육부위를 미끄러지듯이 쓸어주는 동작 • Effleurage • 적용 부위 :
스피닝(Spinning)	• 편평하고 중량감 있는 스톤으로 원을 그리며 돌려주며 압을 깊게 눌러주는 동작 • 적용 부위 :
탭핑(Tapping)	• 두 개의 스톤을 이용하여 한 개는 필요한 인체 부위에 올려놓고 열을 전달하고 다른 한 개의 스톤으로 올려둔 돌을 가볍게 두드리는 동작으로 적용
엣징(Edging)	• 스톤의 모서리 부위를 이용하여 근육의 깊은 부위를 문지르며 적용
코쿠닝(Cocooning)	• 적용하는 인체 부위에 타올을 덮어두고 스톤을 적용하는 동작 • 적용 부위 : 근육 수축, 근육 손상 부위
플러싱(Flushing)	• 스톤의 편평한 가장자리 부위로 인체의 말초신경을 향해 길게 다림질 하듯 쓸어주는 동작 • 긴장 완화 효과
플리핑(Flipping)	• 핫스톤과 쿨스톤을 교대로 적용하는 동작

4) 스톤테라피와 에스테틱테라피 분야의 적용

Esthetic Therapy	적용
한국형테라피	• 스톤을 이용하여 전신에 분포되어 있는 14경맥의 혈위를 자극하고 경락의 흐름을 따라 테크닉을 적용 • 적용 부위 : 12경맥, 임맥, 독맥, 경혈
아로마테라피	• 향기료법인 아로마테라피를 적용 할 때 스톤을 이용하여 테크닉을 적용
스파테라피	• 스파테라피의 전후 관리에 응용하여 적용
스웨디시마사지	• 스웨디시마사지 5가지 기본동작을 스톤을 적용
스포츠마사지	• 근육의 크기와 형태에 따라 적당한 스톤을 적용

2. 전신 스톤관리의 실제

1) 상체관리

등과 둔부)
1. 상체 후면 부위를 관리하기 전 전신 타월을 덮어두고 척주 부위 주요혈에 적당한 온도의 스톤을 올려놓고 마사지(코쿠닝)

- 방법 및 주의사항
  - 코쿠닝 : 적용부위에 타월을 덮어놓고 스톤을 올려 둥글게 전체적으로 마사지하기
  - 스톤을 이용하여 떼었다 놨다 하기

▼

2. 주요 배유혈 부위에 적당한 온도의 스톤을 올려놓고 마사지(코쿠닝)

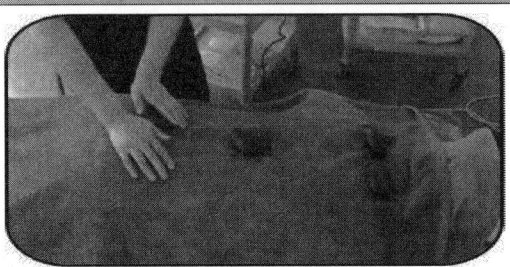

- 방법 및 주의사항
  - 온스톤을 이용하여 을 떼었다 놨다 하기

▼

3. 양손의 온스톤으로 척주기립근과 승모근 이완(코쿠닝)
→ 척주기립근 쓸어주기 (글라이딩)
→ 등전체 쓰다듬기(플러싱)

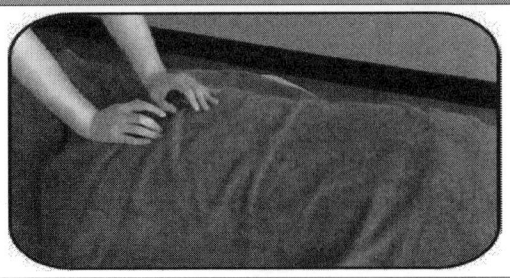

- 방법 및 주의사항
  - 핫스톤 이용
  -

▼

4. 오일을 도포 → 5. 스웨디시 매뉴얼테크닉 → 스톤관리를 시작한다.	
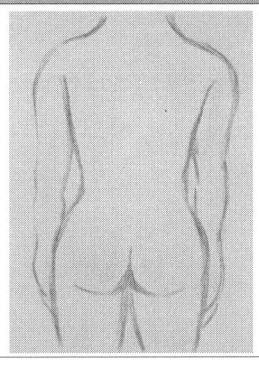 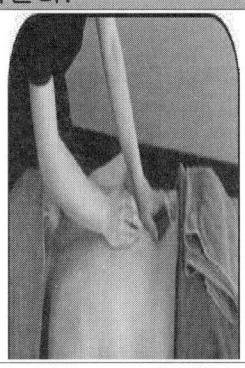	• 방법 및 주의사항 ♦ 오일도포 : 글라이딩 ♦ 스웨디시 기본동작(에플레라지)으로 매뉴테크닉을 실시한 후 스톤관리를 실시한다.

▼

6. 척주기립근 쓸어주기 (글라이딩) → 7. 등전체 쓰다듬기 (플러싱)	
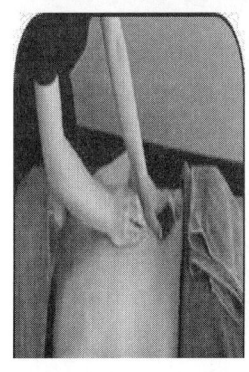 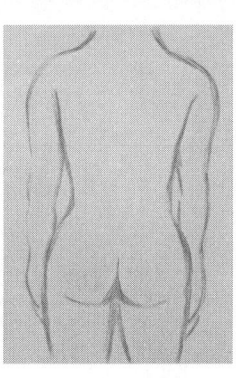	• 방법 및 주의사항 ♦ 글라이딩 : 근육부위를 미끄러지듯 가볍고 부드럽게 마사지한다. (effieurage) ♦ 플러싱 : 스톤의 평편한 부위로 한번에 다림질 하듯이 쓰다듬기한다.

▼

8. 척주기립근을 따라 나선형으로 원그리며 문지르기한다. 9. 등을 3등분하여 기립근을 크게 원그리며 쓸어내려간다.	
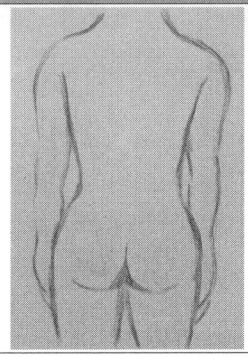 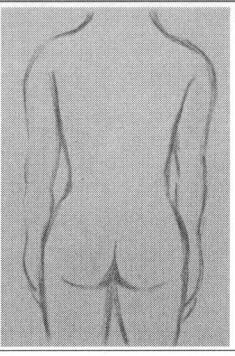	• 방법 및 주의사항 ♦ 스톤을 이용하여 척주기립근을 원그리며 따라 내려간 후, 등전체를 감싸며 되돌아오기

▼

측면으로 서서) 등전체 (둔부라인까지)
10. 등을 가로로 교대로 쓰다듬기한다.
11. 등전체 가로로 팔자모양으로 쓰다듬기한다.

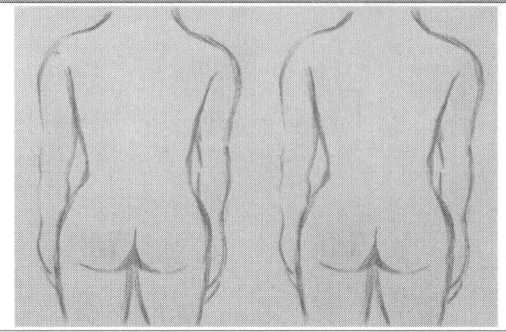

- 방법 및 주의사항
  - 글라이딩

(한쪽씩 팔을 뒤로 꺾어두고) 승모근, 견갑골
12. 승모근 풀어주기 (엣징)
13. 견갑골 라인 (글라이딩→엣징)

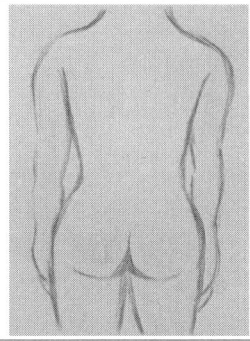 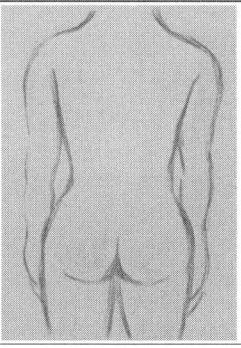

- 방법 및 주의사항
  - 엣징 : 스톤의 모서리로 근육을 따라 깊숙이 문지르기

14. 팔을 풀어주며) 팔전체를 따라 손바닥까지 글라이딩 → 손바닥에 온스톤 올려두기(양쪽 모두)

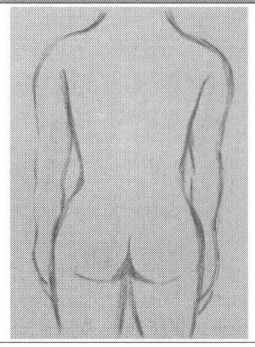 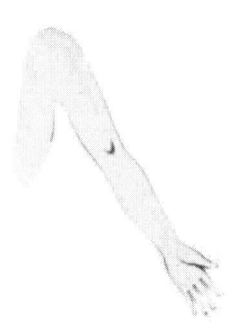

- 방법 및 주의사항
  - 가슴복부 관리가 진행되는 동안) 손가락 사이와 손바닥에 온스톤 적용하기

| 15. 둔부라인 따라 깊게 글라이딩 |
| 16. 둔부라인 따라 원그리며 엣징 |

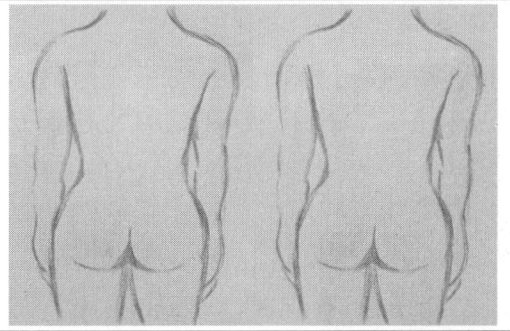

- 방법 및 주의사항

  ◆

| 17. 척주(독맥)을 따라 둔부에서 승모근으로 온스톤을 |
| 좌우교대로 쓸어올려주기(글라이딩) |
| 18. 승모근(아래→위로) 쓸어올려주기 |

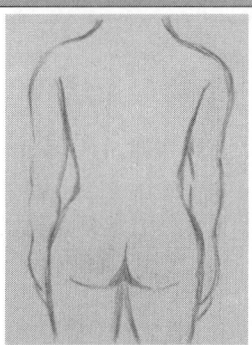 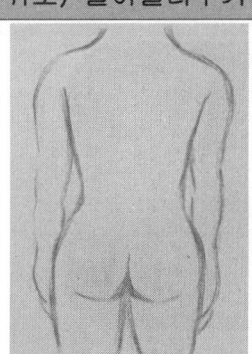

- 방법 및 주의사항

  ◆

| 19. 후두부 라인 (엣징) |
| 20. 척주기립근 쓸어주기 (글라이딩) 후 등전체 쓰다듬기 |

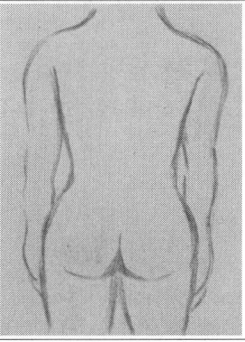 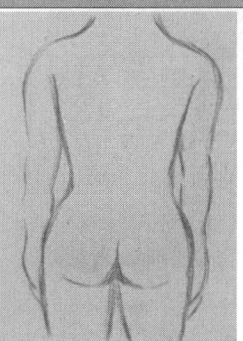

- 방법 및 주의사항

  ◆

상체 전면-복부 및 가슴)
1. 상체 전면 부위를 관리하기 전 전신 타월을 덮어두고)
핫스톤을 복모혈에 올려놓고 복부이완 (코쿠닝)

- 방법 및 주의사항

  - 코쿠닝 : 적용부위에 타월을 덮어놓고 스톤을 올려 둥글게 전체적으로 마사지하기
  - 스톤을 이용하여 떼었다 놨다 하기

2. 탭핑 (주요 복모혈 자극)
3. 엣징 (주요 복모혈 자극)

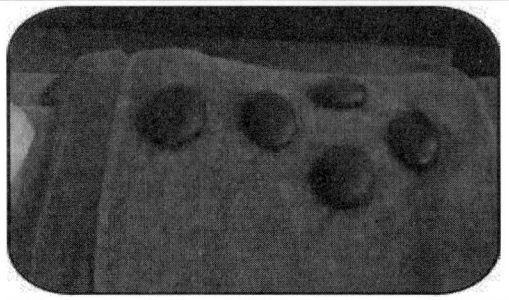

- 방법 및 주의사항

  - 탭핑 : 복모혈을 두 개씩 이용하여 가볍게 두드리기
  - 주요 복모혈 시계방향으로 엣징

4. 오일 도포 (에플레라지)

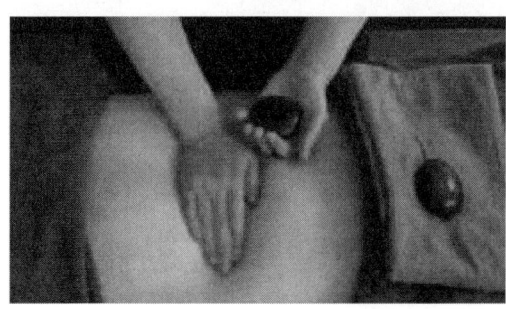

- 방법 및 주의사항

  - 오일도포 : 스톤열을 이용하여 따뜻하게 적용
  -

5. 복부 전체 원그리며 쓰다듬기(글라이딩)	
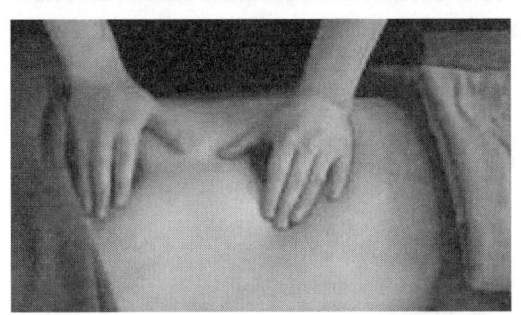	• 방법 및 주의사항 ◆ 양손의 온스톤을 번갈아 가며 원그리며 쓰다듬기(배꼽을 중심으로 시계방향으로)

▼

6. 배꼽을 중심으로 복부 전체에 원그리며 문지르기 (엣징)	
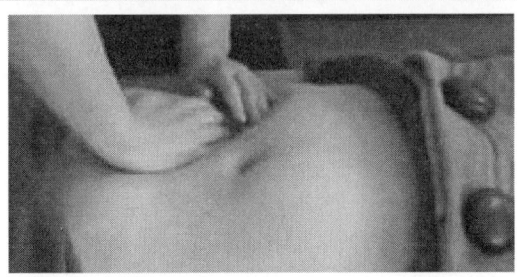	• 방법 및 주의사항 ◆ 양손을 동시에 나선형으로 원그리며 문지르기(배꼽을 중심으로 결장 방향으로)

▼

4. 복부 시계방향으로 돌려주며 압을 깊게 눌러주기(스피닝) 5. 복부 좌우 교대로 쓰다듬기	
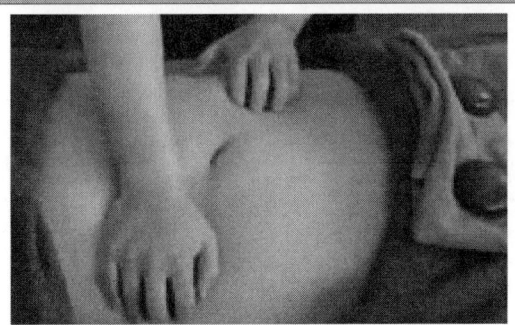	• 방법 및 주의사항 ◆

▼

6. 복부 전체 원그리며 쓰다듬기(글라이딩)

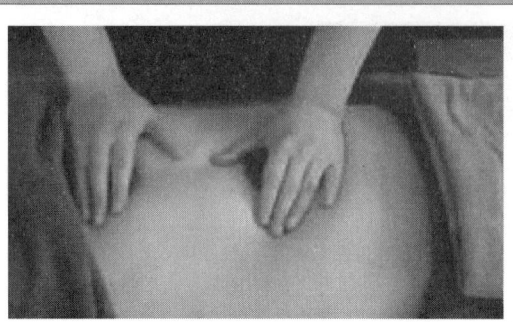

- **방법 및 주의사항**

- 양손의 온스톤을 번갈아 가며 원그리며 쓰다듬기(배꼽을 중심으로 시계방향으로)

2) 하체관리

다리 후면)
1. 하체 후면 부위를 관리하기 전 전신 타월을 덮어두고 다리 부위 주요혈에 적당한 온도의 스톤을 올려놓고 마사지(코쿠닝)

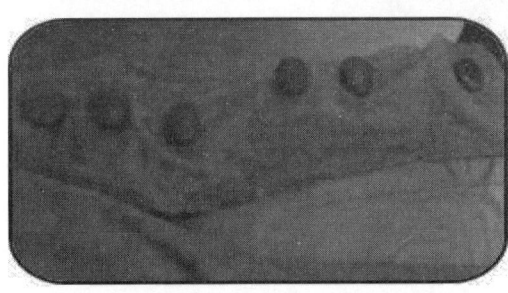

- 방법 및 주의사항
  - 코쿠닝 : 적용부위에 타월을 덮어놓고 스톤을 올려 둥글게 전체적으로 마사지하기
  - 다리 전체 이완

2. 발가락 사이에 적당한 온도의 스톤을 적용하고 마사지(코쿠닝)

- 방법 및 주의사항
  - 스톤을 이용하여 떼었다 놨다 하기

3. 오일도포) 다리 전체 쓰다듬기(에플레라지)

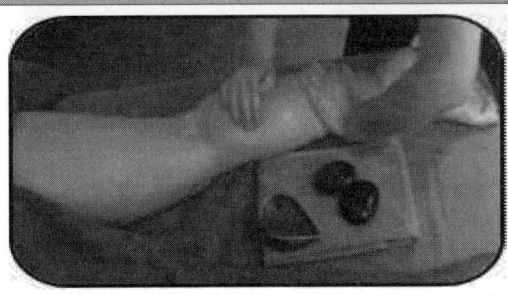

- 방법 및 주의사항
  - 스톤의 열을 이용하여 따뜻하게 적용하기

(온스톤을 이용하여)
4. 발바닥 문지르기(플러싱) → (엣징)
5. 아킬레스건 문지르기(플러싱)

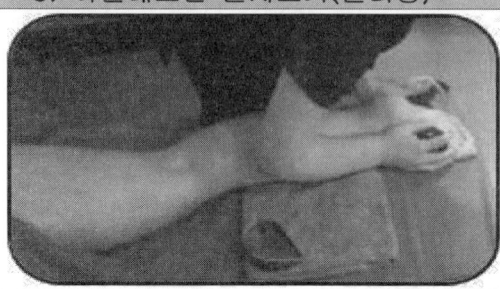

- 방법 및 주의사항

▼

6. 다리 전체 길게쓰다듬기(글라이딩) 후 비복근 옆라인 쓸어올리기(플러싱)

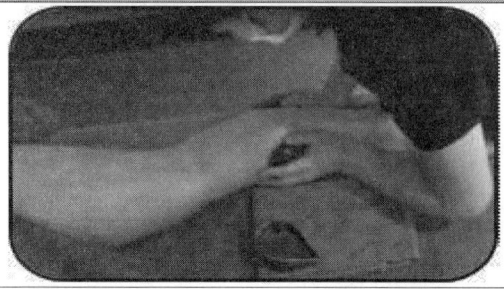

- 방법 및 주의사항

▼

5. 다리 전체 원그리며 문지르기

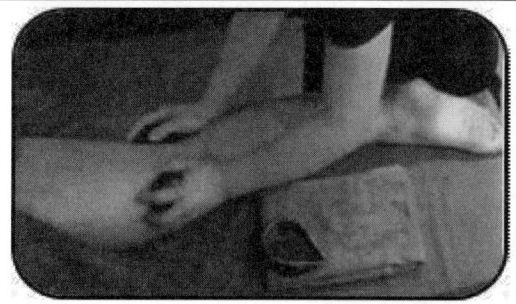

- 방법 및 주의사항

▼

6. 다리 전체에 좌우교대로 문지르기

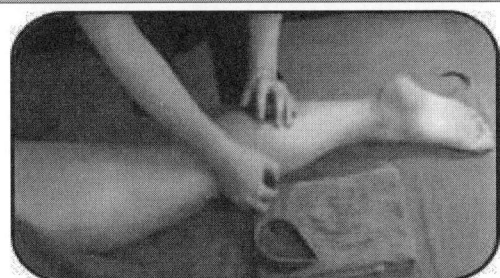

- 방법 및 주의사항
  ◆

7. 발바닥 깊게 문지르기(엣징)

- 방법 및 주의사항
  ◆

8. 다리 전체 길게쓰다듬기(글라이딩)

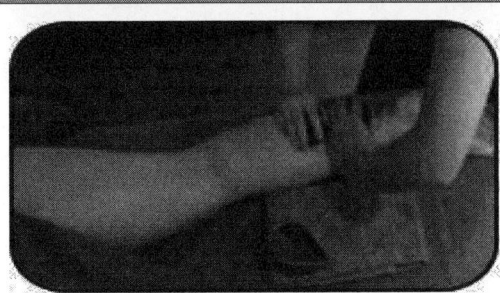

- 방법 및 주의사항
  ◆

다리 전면)
1. 하체 전면 부위를 관리하기 전 전신 타월을 덮어두고 다리 부위 주요혈에 적당한 온도의 스톤을 올려놓고 마사지(코쿠닝)

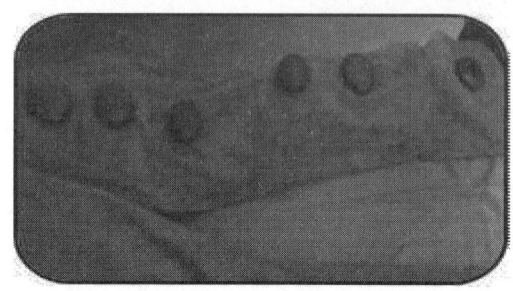

- 방법 및 주의사항
  - 코쿠닝 : 적용부위에 타월을 덮어놓고 스톤을 올려 둥글게 전체적으로 마사지하기
  - 다리 전체 이완

▼

2. 오일도포) 다리 전체 쓰다듬기(에플레라지)

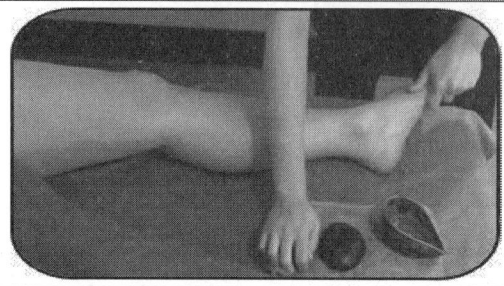

- 방법 및 주의사항
  - 스톤의 열을 이용하여 따뜻하게 적용하기

▼

(온스톤을 이용하여)
3. 다리 전체 길게쓰다듬기(글라이딩 → 플러싱)

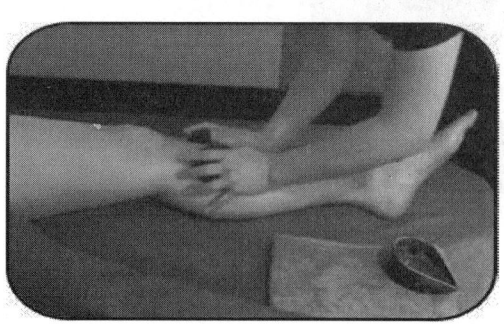

- 방법 및 주의사항
  - 발가락 사이에 온스톤이 끼워놓고 실시한다.
  - 경골과 비골 라인을 따라 올려주며 허벅지 까지 올려준 후 다리옆면 타고 내려주기

▼

5. 다리 전체 원그리며 문지르기

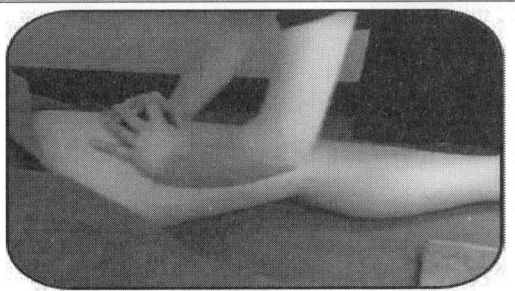

- 방법 및 주의사항
  -

6. 다리 전면 및 내측 쓸어주기(플러싱)

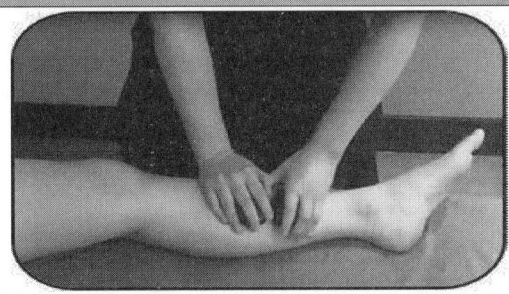

- 방법 및 주의사항
  -

7. 발등 및 발목 부위 문지르기(플러싱→엣징)

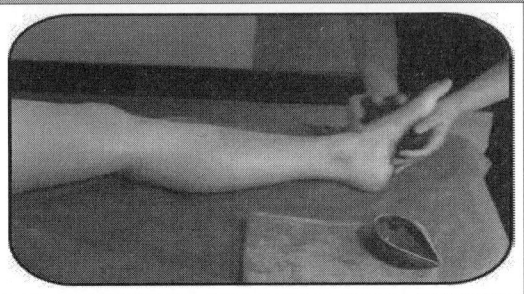

- 방법 및 주의사항
  -

8. 다리 전체 길게 쓰다듬기(글라이딩)

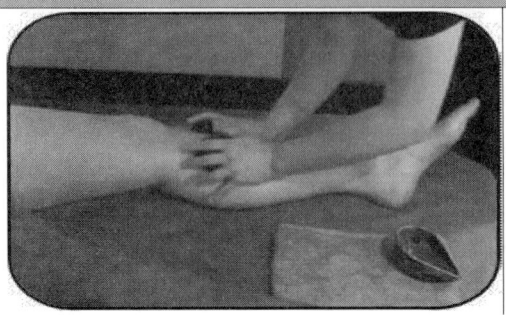

- 방법 및 주의사항

  ◆

제4장 스톤테라피를 위한 경락의 이해

1. 경락의 이해

1) 경락

경락(經絡)은 경맥과 낙맥을 합친 것이며 기(氣)와 혈(血)을 운행하는 경로이다.

경맥인 수직의 기본 줄기를 주요 통로로 운행하면서 낙맥이 수평으로 연결되어 인체의 모든 곳을 연결하여 전신의 기혈을 잘 운행할 수 있도록 하여 음양을 조화롭게 하여 전신의 기능을 조절하여 준다. 이러한 경락의 기능이 잘 안되면 전신의 기능이 조절이 안되고 기혈의 순환이 저하되고 오장육부의 기능도 저하되어 인체는 각종질병이 발생한다.

2) 경락의 구성

(1) 경맥

① 경맥은 인체의 수직으로 뻗은 기본 줄기

② 인체의 깊은 심층부위를 운행하는 경로

③ 팔다리에 연결

(2) 경맥의 구성

경맥	특징
십이경맥 (十二經脈)	• 기혈이 순환하는 주요 통로 • 12장부(오장육부)와 연계 • 음양의 표리관계 • 손끝, 발끝에서 시작하거나 끝나면서 운행 • 소속되는 장부(12개), 음양, 수족, 온량, 육기에 의해 삼음삼양(三陰三陽)으로 12개의 경맥으로 분류 • 12개의 경맥은 12개의 소속된 장부의 기능을 정상적으로 조절하고 유지 • 연계되는 장부 ① 음경(장) : 간, 신, 비, 폐, 신, 심포 ② 양경(부) : 담, 소장, 위, 대장, 방광, 삼초 • 운행하는 인체부위 ① 음경 : 사지의 안쪽, 몸의 앞쪽으로 운행 ② 양경 : 사지의 바깥쪽, 몸의 뒤쪽으로 운행
기경팔맥 (奇經八脈)	• 12장부(오장육부)와 연계되지 않음 • 음양의 표리관계 없음 • 십이경맥을 종횡으로 연결 • 구성(8개) : 임맥, 독맥, 충맥, 대맥, 음교맥, 양교맥, 음유맥, 양유맥
십이경별	• 12경맥에서 분리된 후 별도로 체강 내를 종횡으로 연락하는 분지

(3) 낙맥

① 경맥에서 갈라져 나온 분지

② 경맥보다 가늘고 가로로(횡으로) 운행

③ 인체의 얕은 표층부위에 그물망처럼 분포

④ 인체의 겉 피부와 근육에 연결

⑤ 낙맥의 구성

십오별락 : 낙맥 중 크고 주된 줄기

손락 : 낙맥보다 더 가늘게 분포하는 분지

부락 : 체표에 드러나는 가장 가는 낙맥

3) 경락의 분류

(1) 삼양삼음(三陽三陰)
음기와 양기가 강하고 약함에 따라 구분, 기가 많고 적음에 따라 대응

(2) 음기(陰氣)와 양기(陽氣)

(3) 수경(手經)과 족경(足經)
경맥의 순행부위가 상체와 하체에 따라 구분

(4) 장부(臟腑)의 음양
장(臟)은 음경, 부(腑)는 양경

(5) 음경(陰經)과 양경(陽經)
 ① 음경 : 사지의 안쪽, 몸체의 앞쪽을 순행
 ② 양경 : 사지의 바깥쪽, 몸체의 뒤쪽을 순행

(6) 십이경맥의 구성

순행부위	수족음양	경맥
상체의 안쪽	수삼음경	수태음경, 수소음경, 수궐음경
상체의 바깥쪽	수삼양경	수양명경, 수태양경, 수소양경
하체의 안쪽	족삼음경	족태음경, 족소음경, 족궐음경
하체의 바깥쪽	족삼양경	족양명경, 족태양경, 족소양경

	내(內)·음(陰)	외(外)·양(陽)
전면(前面)	태음경(太陰經)	양명경(陽明經)
측면(側面)	궐음경(厥陰經)	소양경(少陽經)
후면(後面)	소음경(少陰經)	태양경(太陽經)

표(表)	리(裏)
수양명대장경	수태음폐경
수태양소장경	수소음심경
수소양삼초경	수궐음심포경
족양명위경	족태음비경
족태양방광경	족소음신경
족소양담경	족궐음간경

(7) 십이경맥의 유주(운행)

① 손을 위로 위로 뻗은 상태에서,

> 양경 : 위 → 아래
> 음경 : 아래 → 위

② 유주 : 십이경맥을 도는 경기(經氣)의 흐름

> ① 手(陰) : 가슴(胸) → 손(指)
> ② 手(陽) : 손(指) → 얼굴(面)
> ③ 足(陽) : 얼굴(面) → 발(趾)
> ④ 足(陰) : 발(趾) → 가슴(胸)

유주(운행)순서 : ①→②→③→ ④ 의 순서대로 진행되어
　　세 바퀴(모지, 소지, 중지)를 돌아 12경맥을 순행

③ 유주의 규칙
- 음경과 양경은 사지에서 만난다.
- 음경과 음경은 흉부에서 이어진다.
- 양경과 양경은 머리부위에서 만난다.

① 수·족으로 통하는 모든 양경은 머리부위와 통한다.
② 수·족으로 통하는 모든 음경은 흉부와 복부로 통한다.
③ 수삼음경 : 흉중에서 시작 → 수지 말단
④ 수삼양경 : 수지 말단에서 시작 → 머리부위
⑤ 족삼양경 : 머리부위에서 시작 → 발가락
⑥ 족삼음경 : 발가락에서 시작 → 흉중
⑦ 수삼음경과 수삼양경 : 수지 말단에서 접속
⑧ 수삼양경과 족삼양경 : 머리부분에서 접속
⑨ 족삼양경과 족삼음경 : 발가락에서 접속
⑩ 족삼음경과 수삼음경 : 가슴부위에서 접속

④ 십이경맥의 유주표

음·리·장			양·표·부		
태음	수	폐 ①	② 대장	수	양명
	족	비 ④	③ 위	족	
소음	수	심 ⑤	⑥ 소장	수	태양
	족	신 ⑧	⑦ 방광	족	
궐음	수	심포 ⑨	⑩ 삼초	수	소양
	족	간 ⑫	⑪ 담	족	

십이경맥의 기의 흐름의 순서 (유주순서)

① 수태음폐경
② 수양명대장경
③ 족양명위경
④ 족태음비경
⑤ 수소음심경
⑥ 수태양소장경
⑦ 족태양방광경
⑧ 족소음비경
⑨ 수궐음심포경
⑩ 수소양삼초경
⑪ 족소양담경
⑫ 족궐음간경

의 십이경맥을 순차적으로 계속 순환한다.

4) 경락의 작용

(1) 생리
① 내외(內外)와 상하(上下)로 장부와 연결되어 소통되고 인체의 조직 기관이 유기적으로 연결되어 통일체를 구성한다.
② 기혈은 경락을 통하여 온몸에 운행되고 신체에 영양을 공급한다.
③ 외부의 사기를 막고 신체를 보위한다.

(2) 병리적
① 외부의 사기가 인체에 침입하면 경락을 통하여 체표에 반응 작용이 발생한다.
② 경락은 질병이 발생 후 장부와 장부, 조직기관 사이에 서로 영향을 미치고 조절한다.

(3) 치료적
기혈과 음양의 실조로 질병이 발생하였을 때, 장부의 이상변이가 나타나는 체표의 반응부위는 진단과 동시에 치료부위가 될 수 있다.

2. 경혈의 이해

1) 경혈

> **경락 상에 존재하는 공혈(孔穴)**
>
> 장부의 생리 및 병리변화에 따라 현저한 반응을
> 일으키게 하는 십이경맥과 임맥, 독맥의
> 14경맥 상에 있는 혈위

(1) 경혈의 기능
① 기혈이 흘러들고 나가는 곳
② 질병의 반응이 나타나는 곳
③ 질병을 예방하고 다스리는 곳

(2) 경혈의 종류
① 14경혈(經穴) : 12경맥과 기경팔맥 중 임맥, 독맥 상에 있는 혈
② 기혈(奇穴) : 경혈 이외에 임상적으로 치료효과가 있는 혈
③ 아시혈(阿是穴) : 부정혈(不定穴). 일정한 부위가 없고 병처, 국부, 국소의 압통점
④ 신혈(新穴) : 치료효과가 있는 새로운 혈

2) 주요 경혈

(1) 원혈(原穴)
장부의 원기가 머무는 장부의 허실을 진단하고 치료하는 혈

(2) 낙혈(絡穴)
음양의 경맥을 이어주는 낙맥의 혈

(3) 극혈(隙穴)
뼈와 살 사이 틈이 난 곳에 기혈이 모이는 혈로 허와 실증을 진단하고 치료가 가능한 곳

(4) 복모혈(腹募穴)
장부의 기가 흉부와 복부의 특정한 부위에 모여 있는 경혈로 관련 장부의 병증을 진단하고 치료하는 혈

(5) 배유혈(背兪穴)
방광경락의 등 부위 혈
(등 쪽 독맥에서 양 쪽으로 1.5촌 떨어진 곳에 있는 혈)

氣가 허리와 척추 부위로 흘러가는 혈로서 오장육부의 허실을 반영하여 해당관련 장부의 기능이상을 반영하는 혈

3. 스톤테라피를 위한 주요 경락

1) 복모혈

장부의 기가 흉부와 복부의 특정한 부위에 모여 있는 경혈로 관련 장부의 병증을 진단하고 치료하는 혈

복모혈	배속 장부	취혈법
중부	• 폐	•
단중	• 심포	•
거궐	• 심장	•
중완	• 위	•
천추	• 대장	•
석문	• 삼초	•
관원	• 소장	•
중극	• 중극	•
기문	• 간	•
일월	• 담	•
장문	• 비장	•
경문	• 신장	•

복모혈

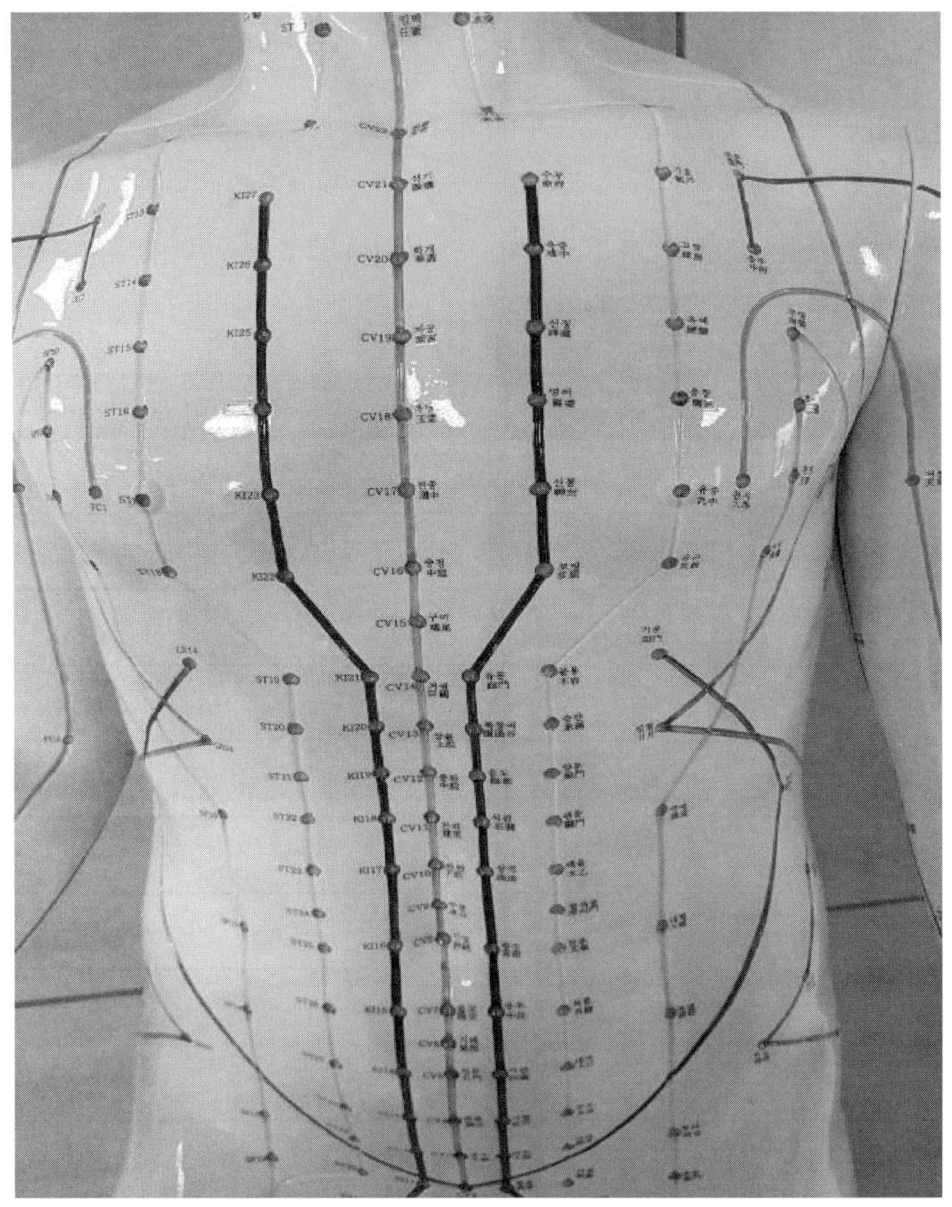

2) 배유혈(배수혈)

방광경락의 등 부위 혈
(등 쪽 독맥에서 양쪽으로 1.5촌 떨어진 곳에 있는 혈)

배유혈	배속 장부	취혈법
폐유	• 폐	•
궐음유	• 심포	•
심유	• 심장	•
간유	• 간	•
담유	• 담	•
비유	• 비장	•
위유	• 위	•
삼초유	• 삼초	•
신유	• 신장	•
대장유	• 대장	•
소장유	• 소장	•
방광유	• 방광	•

배유혈(배수혈)

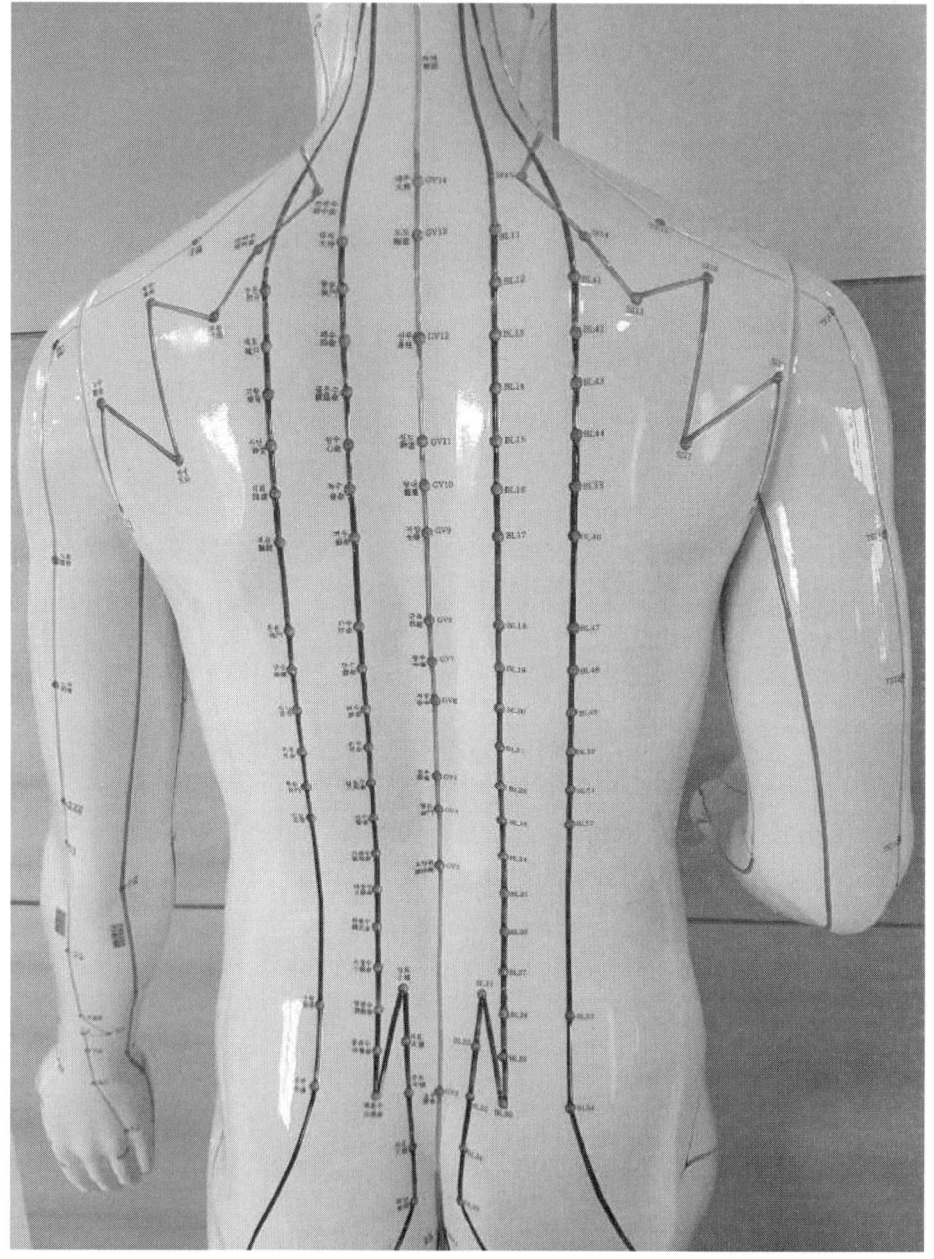

3) 14경맥

(1) 수태음폐경의 경혈

① 수태음폐경은 음(陰)경 속하고 오행속성상 금(金)이며 배속 장부는 폐이다.
② 인체의 좌우에 각각 11개씩의 경혈이 있고 쇄골 끝 1촌 아래의 중부혈에서 시작하여 손의 엄지 손톱의 각진 부분 끝인 소상혈에서 끝난다.
③ 폐의 기능(미용적 변증과 관계된 기능)
- 기(氣)를 주관
- 피부와 털에 관계(피부 건조, 민감, 피부노화, 알레르기, 피부염증, 모세혈관 확장 등), 눈의 충혈, 볼부위 건조 및 모세혈관 확장 등
- 호흡에 관계, 폐, 코, 기관지 계통의 질병에 관계

경혈(순서)	취혈법	주요혈
중부	•	• 폐경의 복모혈
운문	•	•
천부	•	•
협백	•	•
척택	•	•
공최	•	• 극혈
열결	•	• 낙혈
경거	•	•
태연	•	• 원혈
어제	•	•
소상	•	•

(2) 수양명대장경

① 수양명대장경은 양(陽)경 속하고 오행속성상 금(金)이며 배속 장부는 대장이다.
② 인체의 좌우에 각각 20개씩의 경혈이 있고 검지손가락 손톱 각진 부분 끝인 소상혈에서 시작하여 코의 0.5촌 양 옆의 영향혈에서 끝난다.
③ 대장의 기능(미용적 변증과 관계된 기능)
- 몸의 수분대사에 관여
- 호흡에 관계, 코, 변비, 설사, 복부의 가스, 눈의 증상, 코과 턱 주위의 결절성의 단단한 여드름, 피부 건조, 황색 피부, 피부 거칠음, 팔뚝의 닭살, 복부 팽만, 경추7번 주위의 비대 등

경혈(순서)	취혈법	주요혈
상양	•	•
이간	•	•
삼간	•	•
합곡	•	• 원혈
양계	•	•
편력	•	• 낙혈
온류	•	• 극혈
하렴	•	•
상렴	•	•
수삼리	•	•
곡지	•	•
주료	•	•

수오리	•	•
비노	•	•
견우	•	•
거골	•	•
천정	•	•
부돌	•	•
화료	•	•
영향	•	•

(3) 족양명위경

① 족양명위경은 양(陽)경 속하고 오행속성상 토(土)이며 배속 장부는 위장이다.
② 인체의 좌우에 각각 45개씩의 경혈이 있고 눈동자 중앙 0.7촌 밑의 승읍혈에서 둘째 발가락 발톱 각진 끝 양 옆의 여태혈에서 끝난다.
③ 위의 기능(미용적 변증과 관계된 기능)
- 모든 경맥 중 얼굴에 위치한 경혈이 가장 많은 경락으로 얼굴의 미용적 증상에 관여
- 눈주름, 누가 늘어짐, 입꼬리 처짐, 볼 처짐, 코주위와 볼부위의 화농성여드름, 모공확장, 복합성피부, 입술 건조, 구각염, 누런 안색, 목의 비대 등
- 상복부 비만, 대퇴부 앞면의 비대, 복부 팽만, 소화불량, 유방처짐 및 위축, 어깨 비대, 늑막염 등
- 인체에 필요한 기혈진액은 모든 음식물로부터 얻어지므로 위는 수곡기혈의 바다
- 탁한 것을 아래로 내리는 기능(병증 : 구토, 트림 등)

경혈(순서)	취혈법	주요혈
승읍	•	• 얼굴부위혈
사백	•	• 얼굴부위혈
거료	•	• 얼굴부위혈
지창	•	• 얼굴부위혈
대영	•	• 얼굴부위혈
협차	•	• 얼굴부위혈
하관	•	• 얼굴부위혈

두유	•	• 얼굴부위혈
인영	•	• 목부위혈
수돌	•	• 목부위혈
기사	•	• 목부위혈
결분	•	•
기호	•	•
고방	•	•
옥예	•	•
응창	•	•
유중	•	•
유근	•	•
불용	•	•
승만	•	•
양문	•	•
관문	•	•
태을	•	•
활육문	•	•
천추	•	• 대장경의 복모혈
외능	•	•
대거	•	•
수도	•	•

귀래	•	•
기충	•	•
비관	•	•
복토	•	•
음시	•	•
양구	•	• 극혈
독비	•	•
족삼리	•	•
상거허	•	•
조구	•	•
하거허	•	•
풍륭	•	• 낙혈
해계	•	•
충양	•	• 원혈
함곡	•	•
내정	•	•
여태	•	•

(4) 족태음비경

① 족태음비경은 음(陰)경 속하고 오행속성상 토(土)이며 배속 장부는 비장이다.
② 인체의 좌우에 각각 21개씩의 경혈이 있고 엄지 발가락 발톱 각진은 백혈에서 시작하여 옆구리의 중앙 대포혈에서 끝난다.
③ 비장의 기능(미용적 변증과 관계된 기능)
- 수곡 운화의 기능(음식물을 소화하고 영양물질과 에너지로 변화시켜 전신의 장부와 조직에 에너지를 운반하여 제공하는 중요한 기능)
- 기혈을 생성, 혈액의 운행을 주관
- 안면 부종, 피부 탄력저하, 여드름, 복합성 피부, 누런 안색 등
- 상복부 비만, 허리 및 옆구리 비대, 전신 부종, 하체부종, 셀룰라이트성 비만, 하지냉증, 대퇴부 안쪽의 비대, 복부 팽만, 엉덩이 처짐, 혈액순환 장애, 습에 의한 비만 등
- 월경이상, 황달, 소화불량 등

경혈(순서)	취혈법	주요혈
은백	•	•
대도	•	•
태백	•	• 원혈
공손	•	• 낙혈
상구	•	•
삼음교	•	•
누곡	•	•
지기	•	• 극혈
음릉천	•	•
혈해	•	•

기문	•	• 대퇴부 • 부위
충문	•	•
부사	•	•
복결	•	•
대횡	•	•
복애	•	•
식두	•	•
천계	•	•
흉향	•	•
주영	•	•
대포	•	• 비의 대락

(5) 수소음심경

① 수소음심경은 음(陰)경 속하고 오행속성상 화(火)이며 배속 장부는 심장이다.
② 인체의 좌우에 각각 9개씩의 경혈이 있고 겨드랑이 아래 액와부위의 중앙인 극천혈에서 시작하여 새끼손가락 각진 끝의 옆부위인 소충혈에서 끝난다.
③ 심장의 기능(미용적 변증과 관계된 기능)
- 혈액 순환, 전신의 기능을 정상화, 정신작용 주관 등
- 화농성여드름, 얼굴 홍조, 이마부위의 신경성 여드름, 모낭의 과각화 현상, 눈 앞뒤머리의 붉음증, 붉은 안색, 혀의 이상증상, 땀 분비에 관여 등
- 상체비만, 상완 내측의 비대, 손바닥의 붉음증, 혈액순환 장애, 가슴 부위 비대 및 처짐 등

경혈(순서)	취혈법	주요혈
극천	•	•
청령	•	•
소해	•	• 원혈
영도	•	•
통리	•	• 낙혈

음극	•		• 극혈
신문	•		• 원혈
소부	•		•
소충	•		•

(6) 수태양소장경

① 수태양소장경은 양(陽)경 속하고 오행속성상 화(火)이며 배속 장부는 소장이다.
② 인체의 좌우에 각각 19개씩의 경혈이 있고 새끼손가락 외측 끝 소택혈에서 시작하여 귀앞의 청궁혈에서 끝난다.
③ 소장의 기능(미용적 변증과 관계된 기능)
- 간과 췌장에서 분비되는 소화액을 통해 위에서 소화된 음식물을 소화하고 영양분을 흡수
- 체액을 맑고 타박한 것을 가려내는 기능
- 광대뼈 돌출, 턱선에 붉은 화농성여드름, 얼굴 측면의 여드름, 신경성 여드름, 피부건조 등
- 상완 비만, 어깨 비대, 늑막염 등
- 이명증, 코막힘, 어깨와 목의 경직, 오십견, 흉통, 두통, 심통, 견괄절 주위염 등

경혈(순서)	취혈법	주요혈
소택	•	•
전곡	•	•
후계	•	•
완골	•	• 원혈
양곡	•	•
양노	•	• 극혈
지정	•	• 낙혈
소해	•	•
견정	•	•

노유	•	•
천종	•	•
병풍	•	•
곡원	•	•
견외유	•	•
견중유	•	•
천창	•	•
천용	•	•
권료	•	•
청궁	•	•

(7) 족태양방광경

① 족태양방광경은 양(陽)경 속하고 오행속성상 수(水)이며 배속 장부는 방광이다.
② 인체의 좌우에 각각 67개씩의 경혈이 있고 눈 안쪽 정명혈에서 시작하여 새끼발가락의 바깥 끝 지음혈에서 끝난다.
③ 방광의 기능(미용적 변증과 관계된 기능)
- 모든 경맥 중 가장 길며 오장육부의 배유혈(배수혈)이 존재하고 배뇨 배설 기능에 관여
- 진액을 저장
- 셀룰라이트성 비만, 부종, 하체 비만, 대퇴부 뒷면의 비대, 엉덩이 처짐, 발목과 발의 부종, 종아리 비대, 둔부의 경직 및 비대, 하복부 통증 및 경직, 좌골신경통, 요통, 견갑골 내측의 모공확장, 천골부위 꺼짐 등
- 피부 탄력 저하, 눈의 부종, 눈주위 색소침착, 검은 피부, 피부건조, 탈모, 복합성 피부, 윤기없고 푸석한 모발, 턱주위 여드름, 이중턱, 후 발제 주위 여드름 등

경혈(순서)	취혈법	주요혈
정명	•	•
찬죽	•	•
미충	•	•
곡차	•	•
오처	•	•
승광	•	•
통천	•	•

낙각	•	•
옥침	•	•
천주	•	•
대저	•	•
풍문	•	•
폐유	•	• 폐경의 배유혈
궐음유	•	• 심포경의 배유혈
심유	•	• 심경의 배유혈
독유	•	•
격유	•	•
간유	•	• 간경의 배유혈
담유	•	• 담경의 배유혈
비유	•	• 비경의 배유혈
위유	•	• 위경의 배유혈
삼초유	•	• 삼초경의 배유혈
신유	•	• 신경의 배유혈
기해유	•	•
대장유	•	• 대장경의 배유혈
관원유	•	•
소장유	•	• 소장경의 배유혈
방광유	•	• 방광경의 배유혈
중려유	•	•

백환유	•	•
상료	•	•
차료	•	•
중료	•	•
하료	•	•
회양	•	•
승부	•	•
은문	•	•
부극	•	•
위양	•	•
위중	•	•
부분	•	•
백호	•	•
고황	•	•
신당	•	•
의희	•	•
격관	•	•
혼문	•	•
양강	•	•
의사	•	•
위창	•	•
황문	•	•

지실	•	•
포황	•	•
질변	•	•
합양	•	•
승근	•	•
승산	•	•
비양	•	• 낙혈
부양	•	•
곤륜	•	•
복삼	•	•
신맥	•	•
금문	•	• 극혈
경골	•	• 원혈
속골	•	•
족통곡	•	•
지음	•	•

(8) 족소음신경

① 족소음신경은 음(陰)경 속하고 오행속성상 수(水)이며 배속 장부는 신장이다.
② 인체의 좌우에 각각 27개씩의 경혈이 있고 발바닥의 용천혈에서 시작하여 쇄골아래의 유부혈에서 끝난다.
③ 신장의 기능(미용적 변증과 관계된 기능)
- 수액을 주관하여 신체의 항상성 유지
- 원기를 주관, 정(精)을 저장, 생장, 생식, 발육을 담당
- 뼈, 모발, 치아의 건강에 영향
- 전신 부종, 셀룰라이트성 비만, 허리 및 복부 비만, 하체부종, 하지냉증, 대퇴부 안쪽의 비대, 발목의 부종 등
- 눈의 부종, 눈 주위 색소침착, 검고 칙칙한 피부, 탄력저하, 거친 피부, 피부 건조 및 노화, 턱주변의 색소침착, 턱주위 여드름 등

경혈(순서)	취혈법	주요혈
용천	•	•
연곡	•	•
태계	•	• 원혈
대종	•	• 낙혈
수천	•	• 극혈
조해	•	•
복류	•	•
교신	•	•
축빈	•	•
음곡	•	•

횡골	•	•
대혁	•	•
기혈	•	•
사만	•	•
중주	•	•
황유	•	•
상곡	•	•
석관	•	•
음도	•	•
통곡	•	•
유문	•	•
보랑	•	•
신봉	•	•
영허	•	•
신장	•	•
욱중	•	•
유부	•	•

(9) 수궐음심포경

① 수궐음심포경은 음(陰)경 속하고 오행속성상 상화(相火)이며 배속 장부는 심포(형태는 없지만 기능은 존재하는 장기)이다.
② 인체의 좌우에 각각 9개씩의 경혈이 있고 유두 1촌 양옆 천지혈에서 시작하여 가운데 손가락 끝 중충혈에서 끝난다.
③ 심포의 기능(미용적 변증과 관계된 기능)
- 심포는 실제의 형태는 없지만 심장을 보좌하는 기능이 있는 무형의 장기로서 전신의 기능을 조절하고 심장과 유사
- 열성 화농성여드름, 얼굴 홍조, 얼굴 열감, 피부 건조, 이마부위의 신경성 여드름 등
- 상체비만, 상완 내측의 비대, 팔의 부종, 흉부의 비대, 손바닥 열증, 혈액순환장애 등

경혈(순서)	취혈법	주요혈
천지	•	•
천천	•	•
곡택	•	•
극문	•	• 극혈
간사	•	•
내관	•	• 낙혈
대릉	•	• 원혈
노궁	•	•
중충	•	•

(10) 수소양삼초경

① 수소양삼초경은 양(陽)경 속하고 오행속성상 상화(相火)이며 배속 장부는 삼초(형태는 없지만 기능은 존재하는 장기)이다.
② 인체의 좌우에 각각 23개씩의 경혈이 있고 넷째손가락의 외측 끝 관충혈에서 시작하여 눈썹 바깥쪽 끝의 사죽공혈에서 끝난다.
③ 전신의 기(氣)를 주관하여 기를 오장육부에 수송하고 기화작용을 조절
  - 상초(횡격막 윗부분) : 호흡 및 순환계의 기(氣)를 운행하는 통로
  - 중초(횡격막에서 배꼽까지) : 소화계의 기(氣)를 운행하는 통로
  - 하초(배꼽아래부위) : 비뇨생식계의 기(氣)를 운행하는 통로
④ 삼초의 기능(미용적 변증과 관계된 기능)
  - 삼초는 실제의 형태는 없지만 소장을 보좌하는 기능이 있는 무형의 장기로서 전신의 기능을 조절
  - 염증성 여드름, 얼굴 홍조, 얼굴 열감, 피부 건조, 피부건조, 턱 늘어짐, 모낭 각화증, 얼굴측면 여드름 등
  - 상체비만, 경추 경직 및 비대, 상완 외측의 경직 및 비대, 목의 비대, 혈액순환장애, 어깨 경직 등

경혈(순서)	취혈법	주요혈
관충	•	•
역문	•	•
중저	•	•
양지	•	• 원혈
외관	•	• 낙혈
지구	•	•

회종	•	• 극혈
삼양락	•	•
사독	•	•
천정	•	•
청냉연	•	•
소락	•	•
노회	•	•
견료	•	•
천료	•	•
천유	•	•
예풍	•	•
계맥	•	•
노식	•	•
각손	•	•
이문	•	•
화료	•	•
사죽공	•	•

(11) 족소양담경

① 족소양담경은 양(陽)경 속하고 오행속성상 목(金)이며 배속 장부는 담이다.
② 인체의 좌우에 각각 44개씩의 경혈이 있고 눈꼬리 양옆 동자료혈에서 시작하여 넷째발가락 바깥쪽 끝의 족음혈에서 끝난다.
③ 담의 기능(미용적 변증과 관계된 기능)
- 간에서 분비하는 담즙을 농축, 저장, 배설하는 기능을 하여 소화에 관여
- 기미, 피부 거침, 윤기 저하, 탄력저하, 피지과다 분비의 지루성 피부, 눈주위 주름, 모공 확대, 닭살 등
- 부종, 셀룰라이트성 비만, 대퇴부 옆면의 비대, 종아리 비대, 옆구리 비대, 탄력저하, 피부 처짐 등

경혈(순서)	취혈법	주요혈
동자료	•	•
청회	•	•
상관	•	•
함염	•	•
현로	•	•
현리	•	•
곡빈	•	•
솔곡	•	•
천충	•	•
부백	•	•

두규음	•	•
완골	•	•
본신	•	•
양백	•	•
두임읍	•	•
목창	•	•
정영	•	•
승령	•	•
뇌공	•	•
풍지	•	•
견정	• 어깨부위 견정	•
연액	•	•
첩근	•	•
일월	•	•
경문	•	•
대맥	•	•
오추	•	•
유도	•	•
거료	•	•
환도	•	•
풍시	•	•
중독	•	•

양관	•	•
양릉천	•	•
양교	•	•
와구	•	•
광명	•	•
양보	•	•
현종	•	•
구허	•	•
족임읍	•	•
지오회	•	•
협계	•	•
족규음	•	•

(12) 족궐음간경

① 족궐음간경은 음(陰)경 속하고 오행속성상 목(金)이며 배속 장부는 간이다.
② 인체의 좌우에 각각 14개씩의 경혈이 있고 엄지발가락의 바깥쪽 끝의 대돈혈에서 시작하여 가슴 부위의 기문혈(간의 복모혈)에서 끝난다.
③ 간의 기능(미용적 변증과 관계된 기능)
 - 간은 기를 소통시키고 혈액과 진액의 운행을 조절하고 혈액을 저장
 - 색소침착, 눈밑 색소침착, 기미, 피부 거침, 윤기 저하, 탄력저하, 안색 칙칙함 등
 - 근육의 탄력 저하, 부종, 셀룰라이트성 비만, 발목 부종, 대퇴부 안쪽 옆면의 비대, 둔부 늘어짐 등

경혈(순서)	취혈법	주요혈
대돈	•	•
행간	•	•
태충	•	• 원혈
중봉	•	•
여구	•	• 낙혈
중도	•	• 극혈
슬관	•	•
곡천	•	•
음포	•	•
족오리	•	•
음렴	•	•
급맥	•	•
장문	•	• 비경의 모혈
기문	•	• 간경의 모혈

(13) 임맥

① 임맥은 기경팔맥 중 하나의 경맥
② 인체의 음부위인 전면 중앙으로 분포하고 24개씩의 경혈이 있고 회음에서 입술 밑의 승장혈에서 끝난다.
③ 임맥의 기능(미용적 변증과 관계된 기능)
 - 전신의 음의 경맥을 주관

경혈(순서)	취혈법	주요혈
회음	• 회음부의 중앙	•
곡골	• 배꼽아래 5촌	•
중극	• 배꼽아래 4촌	• 방광경의 모혈
관원	• 배꼽아래 3촌	• 소장경의 모혈
석문	• 배꼽아래 2촌	• 삼초경의 모혈
기해	• 배꼽아래 1.5촌	•
음교	• 배꼽아래 1촌	•
신궐	• 배꼽의 중앙	•
수분	• 배꼽 위 1촌	•
하완	• 배꼽 위 2촌	•
건리	• 배꼽 위 3촌	•
중완	• 배꼽 위 4촌 (배꼽과 검상돌기의 중앙)	• 위경의 모혈
상완	• 배꼽 위 5촌	•
거궐	• 배꼽 위 6촌 (중완과 검상돌기의 중앙)	• 심경의 모혈

구미	• 배꼽 위 7촌	•
중정	• 전중(단중)의 아래 1.6촌	•
전중(단중)	• 양 유두의 중앙	• 심포경의 모혈
옥당	• 전중(단중)의 위 1.6촌	•
자궁	• 옥당의 위 1.6촌	
화개	• 자궁의 위 1.6촌	•
선기	• 천돌의 아래 1촌	•
천돌	• 후두 융기 아래 2촌	•
염천	• 턱 끝과 목 끝의 중앙	•
승장	• 아래 입술 밑과 턱 끝의 중앙	•

(14) 독맥

① 독맥은 기경팔맥 중 하나의 경맥
② 인체의 양부위인 후면 중앙으로 분포하고 28개씩의 경혈이 있고 꼬리뼈 끝 장강혈에서 시작하여 척주 중앙을 올라오며 머리 중앙 부위를 거쳐 윗 잇몸의 시작인 은교혈에서 끝난다.
③ 독맥의 기능(미용적 변증과 관계된 기능)
  - 전신의 양의 경맥의 기혈을 조절
  - 여섯 개의 양경맥은 모두 독맥과 경추7번 극돌기 아래의 대추혈에서 교차

경혈(순서)	취혈법	주요혈
장강	• 꼬리뼈(미골) 끝과 항문의 중앙	• 낙혈
요유	• 제 3천추 극돌기 아래	•
요양관	• 제 4천추 극돌기 아래	•
명문	• 제 2요추 극돌기 아래	• 원기의 출입문
현추	• 제 1요추 극돌기 아래	•
척중	• 제 11흉추 극돌기 아래	• 척주의 중앙
중추	• 제 10흉추 극돌기 아래	•
근축	• 제 9흉추 극돌기 아래	• 근의 병을 치료하는 혈
지양	• 제 7흉추 극돌기 아래	•
영대	• 제 6흉추 극돌기 아래	•
신도	• 제 5흉추 극돌기 아래	• 심의 기를 통하는 길 / 정신질환 치료혈
신주	• 제 3흉추 극돌기 아래	• 전신의 지주역할

도도	• 제 1흉추 극돌기 아래	•
대추	• 제 7경추 극돌기 아래	• 모든 양경락이 만나는 혈
아문	• 제 1경추 극돌기 아래 • 목을 뒤로 젖힐 때 가장 꺼지는 곳	•
풍부	• 후발제 정중앙 위 1촌	•
뇌호	• 풍부의 위 1.5촌 • 후두부 융기부위 위	• 뇌의 문호
강간	• 뇌호의 위 1.5촌	•
후정	• 백회의 뒤 1.5촌	•
백회	• 양쪽 귀끝을 연결한 선과 독맥의 정중선의 교차점	• 모든 양이 모이는 지점
전정	• 백회의 앞 1.5촌	•
신회	• 백회의 앞 3촌	•
상성	• 신회의 앞 1.5촌	•
신정	• 전발제 위 0.5촌	• 뇌의 신이 있는 고귀한 곳
소료	• 코의 끝	•
수구	• 인중의 위에서 3분의 1지점	•
태단	• 윗 입술의 중앙	•
은교	• 윗 잇몸과 윗입술이 만나는 지점	• 임맥과 독맥이 만나는 지점

4) 얼굴의 경혈

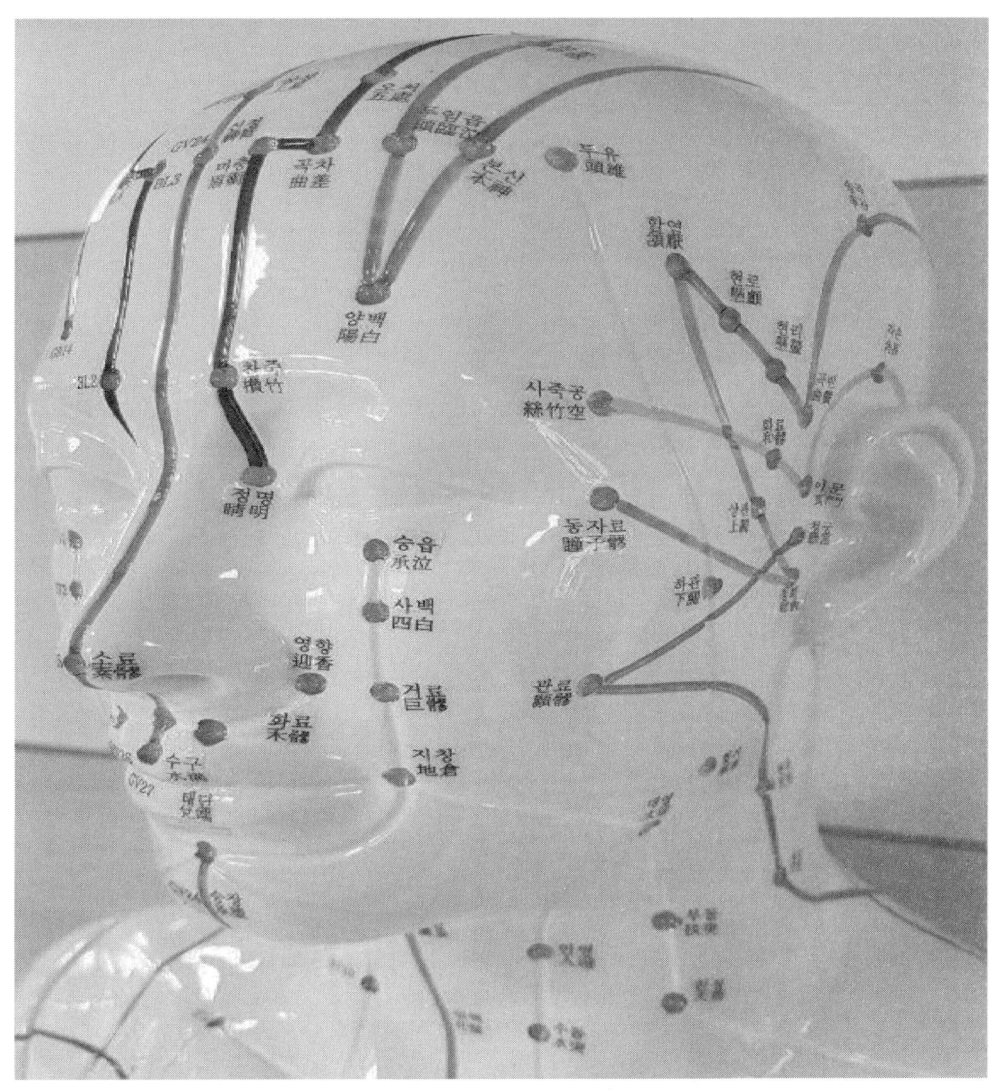

얼굴의 주요 경혈

경혈	취혈법	주요혈
신정	•	•
곡차	•	•
두유	•	•
곡빈	•	•
양백	•	•
찬죽	•	•
사죽공	•	•
정명	•	•
동자료	•	•
어요	•	•
승읍	•	•
사백	•	•
수구	•	•
영향	•	•
거료	•	•
관료	•	•
승장	•	•
염천	•	•
대영	•	•
협차	•	•
상관	•	•

하관	•	•
이문	•	•
청궁	•	•
청회	•	•
예풍	•	•

에듀컨텐츠·휴피아
CH Educontents·Huepia

【부록】

스톤테라피하기(얼굴스톤관리 PRACTICE)

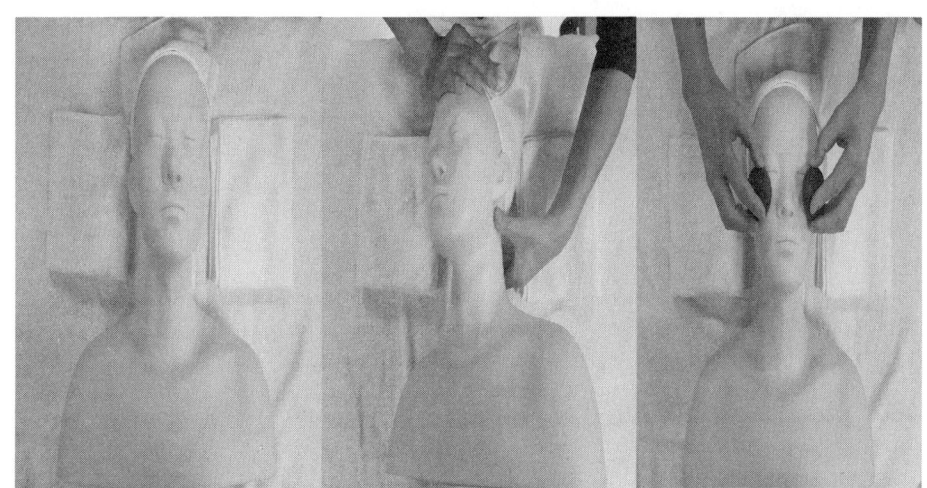

얼굴 스톤 관리하기(PRACTICE)

준비사항

○ 준비물 :
○ 적용피부 :
○ 주의사항 :

준비 : 왼쪽(온스톤3개), 오른쪽(냉스톤3개)를 준비한다.

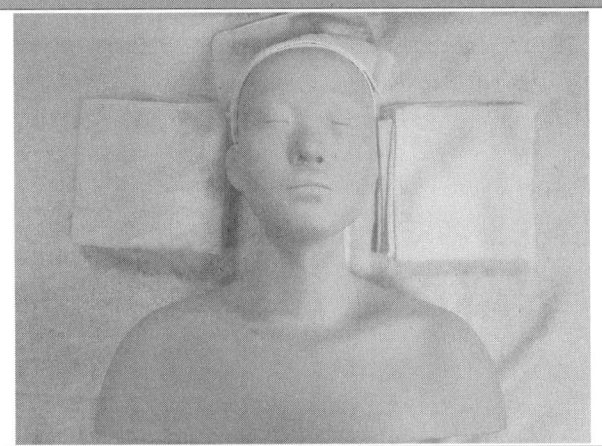

- 방법 및 주의사항
- 스톤워머와 냉장고에서 꺼내온 온스톤과 냉스톤의 온도를 유지하기 위해 타월을 이용하여 덮어둔다.

▼

시술 방법 :

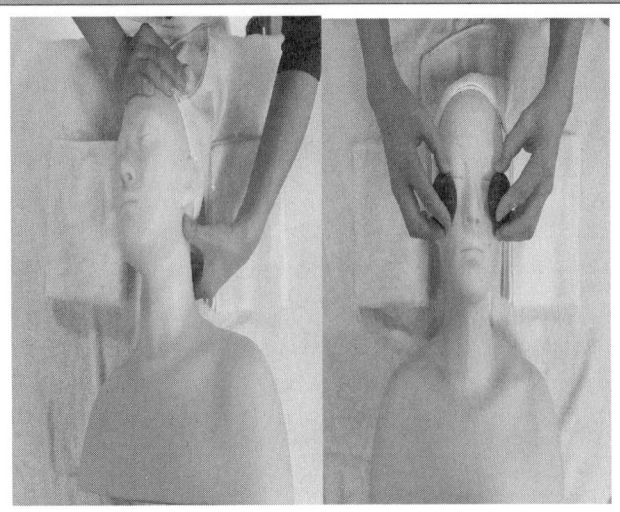

- 방법 및 주의사항
- 얼굴)스톤테라피 순서
①
②
③
④

스톤 적용 전 매뉴얼테크닉 동작) 제품도포하기 후 시작→
순서 1 : 늑골사이 3줄을 모지로 한줄당 4번씩 양손 교대로 액와로 빼기

- 방법 및 주의사항
  -

▼

순서 2 : 액와를 양손 수근으로 양손 교대로 위에서 아래로 빼기(4번)

- 방법 및 주의사항
  -

▼

순서 3 : 고개를 돌리고 왼쪽 흉쇄유돌근,상승모근 사이 3줄 귀밑, 터미너스로 엄지(모지)로 8번 원그리며 내려가기

- 방법 및 주의사항

▼

순서 4 : 목의 삼각형 부위 전체를 크게 엄지(모지)로 8번 원그리며 내려가기	
	• 방법 및 주의사항 ♦

순서 5 : 승모근 안쪽 견정 주위를 엄지(모지)로 안에서 밖으로 빼기 (8번)	
	• 방법 및 주의사항 ♦

순서 6 : 목의 삼각형 부위 전체를 크게 모지로 8번 원그리며 내려가기(=4번)	
	 • 방법 및 주의사항 ♦

순서 7 : 액와 모지로 위에서 아래로 빼주기 4번	
	• 방법 및 주의사항 ◆

▼

온스톤 동작 시작) 순서 8-1 : 콧등 좌/우 교대로 이마 끝까지 쓸어 올리기 4번	
	• 방법 및 주의사항 ◆

▼

순서 8-2 : 이마에서 관자 수영방향으로 8번 동글 후 그대로 터미누스 일자로 빼기	
	• 방법 및 주의사항 ◆

▼

순서 9 : 눈썹에서 관자로 수영방향으로 8번 동글 후 그대로 터미누스로 빼기 1번

- 방법 및 주의사항
  -

순서 10 : 코벽타고 올라와 미간에서 스톤을 눕혀 이마 끝까지 쓸어 올리기(4번) 후 → 눈 밑에서 관자로 수영방향으로 원그리며 이동하기(2번) → 후 그대로 일자로 터미누스까지 빼기(2번)

- 방법 및 주의사항
  -

순서 11 : 인중 좌/우 교대로 4번하고 인중 옆 아래 볼에서 귀 앞까지 수영 방향으로 8번 동글 후 그대로 터미누스로 빼기

- 방법 및 주의사항
  -

순서 12 : 턱 중앙 좌우 교대로 ×모양 4번하고 턱 중앙에서 턱선 끝 수영 방향으로 8번 동글 후 그대로 터미누스로 빼기	
	• 방법 및 주의사항 ♦

순서 13 : 왼쪽 목부터 위로 올리듯 반씩 겹쳐서 왕복 1번	
	• 방법 및 주의사항 ♦

순서 14 : 이중턱 가운데에서 프로펀더스 (왼/오) (좌/우) 번갈아 4번	
	• 방법 및 주의사항 ♦

▼

순서 15 : 귀 뒤에 스톤을 대고 밑에서 위로 엄지로 가로로 펴듯이 스트레칭	
	• 방법 및 주의사항 ◆

▼

냉스톤 동작 시작) 순서 16 : 팔자주름 내리듯이 양손 같이 4번	
	• 방법 및 주의사항 ◆

▼

순서17 (얼굴부위는 온스톤과 반대로, 목과 이중턱은 온스톤과 동일하게 적용) 17-1 : 턱 중앙 좌우 교대로 ×모양 4번하고 턱 중앙에서 턱선 끝 수영방향으로 8번 동글 후 그대로 터미누스로 빼기	
	• 방법 및 주의사항 ◆

▼

순서 17-2 : 인중 좌/우 교대로 4번하고 인중 옆 아래 볼에서 귀 앞까지 수영방향으로 8번 둥글 후 그대로 터미누스로 빼기

- 방법 및 주의사항
  - ◆

순서 17-3 : 코벽타고 올라와 미간에서 스톤을 눕혀 이마 끝까지 쓸어 올리기(4번) 후 → 눈 밑에서 관자로 수영방향으로 원그리며 이동하기(1번) → 후 그대로 일자로 터미누스까지 빼기(1번)

- 방법 및 주의사항
  - ◆

순서 17-4 : 눈썹에서 관자로 수영방향으로 8번 둥글 후 그대로 터미누스로 빼기

- 방법 및 주의사항
  - ◆

순서 17-5-1 : 콧등 좌/우 교대로 이마 끝까지 쓸어 올리기 4번	
	• 방법 및 주의사항 ◆

▼

순서 17-5-2 : 이마에서 관자 수영방향으로 8번 동글 후 그대로 터미누스 일자로 빼기	
	• 방법 및 주의사항 ◆

▼

순서 17-6 : 왼쪽 목부터 위로 올리듯 반씩 겹쳐서 왕복 1번	
	• 방법 및 주의사항 ◆

▼

순서 17-7 : 이중턱 가운데에서 프로펀더스 (왼/오) (좌/우) 번갈아 4번

- 방법 및 주의사항
  ◆

▼

순서 18 : 눈 뒤에서 앞 굴곡에 맞춰 왔다 갔다 4번 후 관자로 빼기

- 방법 및 주의사항
  ◆

▼

| 온냉스톤 동작 시작) 왼손의 온스톤 + 오른손의 냉스톤 (순서로 적용) |
순서 19 : 콧등 온,냉으로 좌/우 이마 끝까지 쓸어 올리기 2번

- 방법 및 주의사항
  ◆

▼

순서 20 : 코벽 온(왼손) 냉(오른손) 순서로 올라와서 미간에 눕혀 이마 끝 올라가기 (왼쪽 1번 / 오른쪽 1번)

- 방법 및 주의사항

순서 21 : 이마 왼쪽) 관자에서 4지점 이마 중앙 세로로 완전히 겹치며 올리기 지점당 1번씩(온→냉 스톤 교대로)

- 방법 및 주의사항

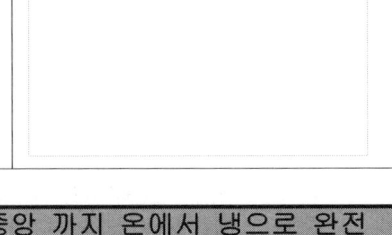

순서 22 : 볼 왼쪽) 아랫볼 턱끝에서 부터 턱 중앙 까지 온에서 냉으로 완전 겹쳐서 올리고, 왼쪽 윗볼 동일하게 적용, 지점당 1번씩

- 방법 및 주의사항

순서 23 : 볼 오른쪽 아랫볼 완전히 겹쳐서 동일하게 하고 볼 오른쪽 윗볼도 동일 하게 지점당 1번씩	
	• 방법 및 주의사항 ♦

▼

순서 24 : 인중 왼쪽에서 오른쪽으로 온이 간 자리를 냉이 따라간 후 다시 반대로 인중 오른쪽에서 왼쪽으로 온이 간 자리 냉이 따라가기(1번)	
	• 방법 및 주의사항 ♦

▼

순서 25 : 목 왼쪽에서 오른쪽으로 온,냉 같은자리 겹치면서 이동 왕복(1번)	
	• 방법 및 주의사항 ♦

▼

| 순서 26 : 이중턱 왼쪽 턱 중앙에서 턱 끝 온이 간 자리 냉이 따라간 후 반대로 이중턱 오른쪽 턱 중앙에서 턱 끝 온이 간 자리 냉이 따라가기 1세트 |

- 방법 및 주의사항
  ◆

▼

| 순서 27 : 스톤을 귀 앞에 놓고 4~6초 머무른 후 스톤을 바꿔서 한 번 더 머무르기 |

- 방법 및 주의사항
  ◆

▼

| 마무리) 제품을 닦아내고 마무리하기 |

- 방법 및 주의사항
  ◆

▼

스톤테라피하기(PRACTICE)

	• 방법 및 주의사항
	◆

▼

	• 방법 및 주의사항
	◆

▼

	• 방법 및 주의사항
	◆

▼

【 참고문헌 】

김수인 외, 스톤테라피, 메디시언, 2013

김영순 외, 스웨디시마사지 이론과 실제, 훈민사, 2008

김은자 외, 오행미용경락학, 청구문화사, 2011

김은화 외, 피부미용학, 현문사, 2010

남태열, 스웨디시마사지, 예림, 2007

박동호, 자연석을 이용한 스톤마사지, 일진사, 2011

박영은 외, 전신피부미용, 청구문화사, 2008

전미란 외, 에스테틱 스파마사지, 메디시언, 2014

스톤테라피 [Stone Therapy]

저 자 | 오 정 숙 (경복대학교) 著

발 행 처 | 에듀컨텐츠휴피아
발 행 인 | 李 相 烈
발 행 일 | 초판 1쇄 • 2018년 12월 28일

출판등록 | 제2017-000042호 (2002년 1월 9일 신고등록)
주   소 | 서울 광진구 자양로 30길 79
전   화 | (02) 443-6366
팩   스 | (02) 443-6376
e-mail | iknowledge@naver.com
web | http://cafe.naver.com/eduhuepia
만든사람들 | 기획・김수아 / 책임편집・이진훈 황혜영 이지원 김유빈 강보령 이서영
디자인・유충현 / 영업・이순우

정   가 | 16,000원
I S B N | 978-89-6356-246-9 (93590)

※ 책의 일부 또는 전체에 대하여 무단복사, 복제는 저작권법에 위배됩니다.